JN096107

日常生活のデジタルメディア

青木久美子・高橋秀明

（三訂版）日常生活のデジタルメディア（'22）

©2022　青木久美子・高橋秀明

装丁・ブックデザイン：畑中　猛

o-10

まえがき

　2020年初頭に始まった新型コロナウイルス（COVID-19）感染拡大は，我々の日常生活を大きく変えた。今まで当たり前だと思っていたことが当たり前でなくなり，生活の様々な面で大きな見直しを強いられるようになった。感染拡大防止のために非接触・非対面が推奨され，デジタル化が急激に加速した。日常生活とデジタルメディアの関係性を取り上げるこの科目では，特にデジタル化の加速が様々な課題をもたらしている一方，様々な可能性も提示していることを考察していく。

　本科目は学部の導入科目であることから，その内容は，学習者が専門知識を有せずとも理解でき，それぞれの日常生活における自らの体験に関連づけて考えることができ，さらに，この分野に関する興味が広がるように吟味した。その際，学習者がデジタル化の流れに取り残されることなく，デジタルメディアを日常生活で効果的に，また意識的に活用できるようになることを趣旨としている。

　本印刷教材は，デジタルメディアを，その特性と活用する場を切り口として考察することができればと考え，以下の構成で章立てを考えた。まず，第1章では，デジタルメディアといった技術が社会と相互に作用し合って両者が形成されていくという基本的考え方に基づいて，デジタルメディアの特徴と社会における普及と影響を歴史的でマクロな観点から概観し，第2章では，デジタルメディアと個人や個人の生活との関係をミクロな視点から整理した。第3章から第6章では，デジタルメディアの特性について4つの観点から取り上げた。すなわち，第3章では，デジタルメディアのパーソナル化について，第4章では，デジタルメディアのモバイル化について考察している。また，第5章では，デジタ

ルメディアと同義語になりつつあるソーシャルメディアの特性と課題を，第6章では，ジオメディアと題して，デジタルメディアで活用される位置情報と，それが個人や社会にもたらす影響を，さらにはウェブマッピングといったツールの可能性を扱っている。第7章から第13章は，日常生活の様々な場におけるデジタルメディアの活用を取り上げ，第7章では消費，第8章では学習，第9章では娯楽，第10章では政治，第11章では健康，第12章では危機，そして第13章では安全・安心，といった文脈におけるデジタルメディアの活用の現状・動向を紹介している。最後の2章は，本科目の総括として，第14章では，デジタルメディアと個人の関係性における課題，第15章では，デジタルメディアと社会の関係性の課題を考察している。

　本原稿執筆時点では，まだコロナ禍が今後どうなるのかが全くわからない。しかしながら，コロナ禍が収束した後も，加速したデジタル化はとどまることがないのではないかと考える。デジタルメディアは日々進化しており，それを取り巻く社会文化的環境も変化している。そういった中で，本印刷教材と放送教材が，学習者がデジタルメディアと意識的に向き合い，日常生活の可能性を広げていく一助となれば幸いである。

2021年10月14日
主任講師　青木　久美子
　　　　　高橋　秀明

目　次

まえがき　　　青木久美子・高橋秀明　3

1 | デジタルメディアとは　　　青木久美子　10

1. はじめに　10
2. 新型コロナウイルス感染拡大の影響　14
3. デジタル・デバイド　17
4. 次世代のウェブ　19
5. テクノロジーの社会的構築　22

2 | 日常生活とは　　　高橋秀明　24

1. はじめに　24
2. 日常生活の時間と場所　26
3. 個人とデジタルメディア　32
4. メディアを利活用する主体　36
5. メディアの中のデジタルメディア　41

3 | パーソナルメディア　　　高橋秀明　48

1. はじめに　48
2. パーソナリティ（人格）　50
3. ユーザ一人一人　56
4. 自分を表現する　60

4 │ モバイルメディア 青木久美子 64

   1．モバイルとは　64
   2．モバイルのインフラ　66
   3．モバイルアプリ　70
   4．ウェアラブルコンピュータ　72
   5．ライフログ　74
   6．プライバシーの問題　75
   7．スマホ依存　79

5 │ ソーシャルメディア 青木久美子 84

   1．ソーシャルメディアの歴史的背景　84
   2．ソーシャルネットワーキングサービス（SNS）　86
   3．ソーシャルメディアのビジネスモデル　90
   4．情報操作　95
   5．ソーシャルメディア上の行動　97
   6．まとめ　99

6 │ ジオメディア 青木久美子 102

   1．ジオメディアとは　102
   2．GPS と位置情報　103
   3．位置情報ビッグデータ　105
   4．「地図」とサービス　106
   5．空間的クラウドソーシング　110
   6．ジオアクティビズムと
     ボランタリーな地理空間情報（VGI）　112
   7．まとめ　114

7 | **消費とデジタルメディア** 青木久美子 117

　1．電子商取引　117
　2．キャッシュレス決済　125
　3．デジタル通貨　129
　4．シェアリングエコノミー　133
　5．デジタル経済における労働　135
　6．まとめ　139

8 | **学習とデジタルメディア** 青木久美子 142

　1．はじめに　142
　2．学習の場　145
　3．デジタル教材　147
　4．学習・教育のコミュニケーションツール　153
　5．デジタルメディアを活用するための教育　155
　6．MOOC とデジタルバッジ　159
　7．まとめ　161

9 | **娯楽とデジタルメディア** 高橋秀明 163

　1．はじめに　163
　2．趣味とデジタルメディア　166
　3．ゲームとデジタルメディア　171
　4．ボードゲームと人工知能研究　172
　5．鑑賞・旅行とデジタルメディア　173
　6．創作としてのデジタルメディア　174
　7．ソフト開発・電子工作　176

10 | 政治とデジタルメディア 　　高橋秀明　178

　　1．はじめに　178
　　2．日本の情報化政策　179
　　3．政治の情報発信とデジタルメディア　181
　　4．政治参加とデジタルメディア　186
　　5．政治の電子化　188

11 | 健康とデジタルメディア 　　高橋秀明　195

　　1．はじめに　195
　　2．健康に関する情報を得る　196
　　3．医療・育児・介護とデジタルメディア　198
　　4．健康的な生活とデジタルメディア　202

12 | 危機とデジタルメディア 　　高橋秀明　207

　　1．はじめに　207
　　2．災害に備える　209
　　3．緊急災害時　216

13 | 安全・安心とデジタルメディア

　　　　　　　　　　　　　　　　高橋秀明　221
　　1．政治の安全・安心とデジタルメディア　221
　　2．経済の安全・安心とデジタルメディア　225
　　3．個人・家族の安全・安心とデジタルメディア　227
　　4．デジタルメディアの危険性　229

14 | デジタルメディアと個人　　　　　青木久美子　236

　　1. はじめに　236
　　2. オンラインプライバシー　238
　　3. 忘れられる権利　244
　　4. デジタル遺産　246
　　5. デジタルアイデンティティ　247
　　6. 信用スコア　252
　　7. 情報銀行　253
　　8. まとめ　255

15 | デジタルメディアと社会　　　　　青木久美子　257

　　1. 人工知能（AI）の影響　257
　　2. モノのインターネット（IoT）　261
　　3. 第四次産業革命　262
　　4. シンギュラリティ
　　　（技術的特異点，technological singularity）　266
　　5. まとめ　269

索　引　272

1 | デジタルメディアとは

青木久美子

《**目標＆ポイント**》 本章では，デジタルメディアの歴史的変遷に触れなが
ら，デジタルメディアの特徴やデジタルメディアの我々の生活への影響や課
題について説明する。また，デジタルメディアのビジネスモデルを紹介しな
がら，コロナ禍で加速したデジタルトランスフォーメーションやそれがもた
らす課題を社会文化的視点から考察する。
《**キーワード**》 フェイクニュース，フィルターバブル，エコーチェンバー，
クッキー，モノのインターネット（IoT），ビッグデータ，パーソナライズ広
告，プラットフォーム，デジタルリテラシー，ニューノーマル，コンタク
ト・トレーシング，遠隔医療，オンライン診察，デジタルスキミング，第四
次産業革命，デジタルトランスフォーメーション（DX），デジタル・デバイ
ド，デジタル格差，デジタルデモクラシー，ティム・バーナーズ=リー（Tim
Berners-Lee），ワールドワイドウェブ（World Wide Web），ハイパーリン
ク，Web 2.0，GAFA，監視資本主義，Web 3.0，ブロックチェーン，クラ
ウド，デジタル民主主義，拡張民主主義，デジタルツイン，テクノロジーの
社会的構築（SCOT）

1．はじめに

　インターネットやソーシャルメディアなどで代表されるデジタルメ
ディアが，日常生活の至る所で活用されるようになってきており，我々
の生活に切っても切り離せなくなってきている。デジタルメディアは，
その種類やなじみの深さにおいて世代間で大きく異なっていることが特
徴的であるともいえる。物心がついた時から当たり前のようにネットを

使ってきた世代と，大人になってからネットというものの存在に触れた世代とでは，活用の度合いや依存度が違ってくるのは当然のことであろう。

　ネットが普及する前の時代の情報の流れは，概して大きな組織からマス（大衆）へ，というものが一般的であった。人々は，新聞や雑誌を購読したり，テレビやラジオを視聴したりすることで日々の情報を得ていた。それは，いわゆる「マスメディア」といわれる情報産業によって発信された情報を概ね受動的に消費していたことになる。ネットが普及する前のマスメディアの時代に，一般人が不特定多数に向けて情報を発信するということは大変難しかったが，ネットの普及とともに，誰もがウェブサイト，ブログ，そしてソーシャルネットワーキングサービス（SNS）といったツールを使って不特定多数の人へ発信することができることになったというのは，情報の民主化に繋がったともいえるだろう。

　一方で，誰でも情報を発信できるようになったことにより，信頼できる情報とそうでない情報の判別が難しくなり，**フェイクニュース（偽情報，デマ）**が瞬時に拡散してしまい，意図しない結果をもたらしたり，意図的に情報操作をすることによって，公正ではない結果をもたらしたりすることも起こってきている。以前はジャーナリストというプロフェッショナルが，情報の裏取りをきちんと行って，できるだけ正確な情報を流す努力をしてきたが，皆の注目を瞬時に集めることが重要になってきている今日のメディア産業においては，時間をかけて裏取りを行うというジャーナリズムが成り立たなくなってきている。

　情報が細分化され，意図的か意図的でないかにかかわらず人々が自分の選んだ情報のみにアクセスするようになってきていることにより，**フィルターバブルやエコーチェンバー**といわれる現象，すなわち，自分の嗜好や思考傾向に合致した情報にしか触れる機会がなくなってきてし

まう，といった現象も起こってきている。これにより，自分の考えや好みが強化される方向ばかりに情報が偏ってしまい，周りも皆自分と同じように考えていると思いがちで，多様性を否定し社会を分断する方向に進みかねない状況に陥りやすくなってきている。情報が氾濫する一方で，本当に信頼できる情報というものが入手しにくくなってきているともいえる。また，従来のメディアにおいては，コンテンツと広告の独立性がある程度保たれていたが，デジタルメディアのコンテンツは，広告との独立性が曖昧になっている場合が多い。

　デジタルメディアの表面下には，デジタルメディアのプラットフォームを提供するビジネス側の思惑がある。デジタルメディアを含め，ネット上の様々なサービスが無料で提供されてきており，それが当たり前になっている一方，サービスを提供するプラットフォーム企業のビジネスモデルはユーザの行動分析にあり，ユーザのデジタル上の一挙一動をデータ化して広告業者に売ったり，また，プラットフォーム上のコンテンツをユーザ層に分けて微妙に変えたりすることで，ユーザの行動までユーザが意識することなく変容させる可能性もある。

　従来は，多様なデジタルメディアを使うことによって，デジタルの足跡は単一のメディア上のみに残されるにとどまっていたが，様々なサービスが統合化され，単一プラットフォーム上で提供されるようになったり，相互認証制度を活用することによってデータの紐づけが容易になったりすると，そのプラットフォーム企業はより正確で精密なユーザの行動データを収集することが可能となり，プラットフォームの価値が高まるようになる。ウェブサイトを閲覧するだけで，**クッキー（Cookie）**と呼ばれるパソコンやスマートフォン上のファイルに，いつ，どこで，どのようなデバイスから，何を過去に閲覧し，何を購入したか等様々な情報が保存され，また，**モノのインターネット（IoT）**と呼ばれるセン

サーやスマート機器，監視カメラ等によって，我々が意識しなくとも情報が**ビッグデータ**という形で収集されるようになっている。顔認証や指紋認証，または声紋認証等，生体情報による本人認証も日々進化しており，自動的に個々人を認識することが可能となっているため，いろいろな情報を紐づけることによって個々人の日々の行動や特徴を同定することも難しいことではない。また，本人を同定するだけではなく，顔の表情や声のトーンなどからその人の感情まで自動的に推測できるようにまでなってきている。

　消費活動においては，ポイントカードや電子マネーなど，ポイントという対価として我々は無意識に購買行動をデータとして提供している。そのために店舗等は在庫管理が効率的になっている半面，顧客の行動履歴を基に，顧客の興味関心を推測し，ターゲットを絞ってネット広告配信を行う**パーソナライズ広告**にも使われている。その目的は，我々の健康や幸福にあるわけではなく，広告をクリックしてアクセスしてもらったり，モノやサービスの購入を促したり，有料コンテンツを閲覧させたり，と営利目的によるものがほとんどである。

　しかしながら，そういった**プラットフォーム企業**から自らのプライバシーを保護しようと，デジタルメディアを一切使わないでいると，反対に様々なサービスの恩恵を受けられないだけではなく，今度はプラットフォーム上に全くデータがないために，いざという時に不利な状況に陥ってしまうということにもなりかねない。デジタルメディアが社会の基盤となっている現代，それを使わないでいるという選択肢はもはやないのである。

　デジタルメディアを使いこなすことによって日常生活が便利になっていることは否めない。疑問に思ったことに対して瞬時に回答が得られたり，ネットショッピングによって欲しいと思った時に最安価格で商品を

購入できたり，隙間時間で副収入を得たり，オンライン上で出会いを求めたり，近場で好みのレストランを見つけたり，乗り換え情報を検索したり，行ったことのない場所の様子を 360 度の写真で確認したり等，豊富な情報が欲しい時にアクセスできる。その一方で，デジタルメディア上で検索・アクセスした情報全てが履歴に残りビッグデータとして蓄積されていることを常に心にとどめておかなければ，賢いユーザではいられない。いわゆる「**デジタルリテラシー**」である。

2．新型コロナウイルス感染拡大の影響

　2019 年 12 月に始まった新型コロナウイルス感染が全世界に拡大し，世界は大きく変わった。緊急事態宣言による外出自粛や，海外におけるロックダウン等で，人々の生活が一変した。今まで「当たり前」であった日常が当たり前でなくなってしまったのである。それまで，話題には上がっていたが日本では他の先進国に比べると後れをとっていた在宅勤務や遠隔授業，遠隔医療の普及が加速化し，情報通信技術とデジタルメディアを駆使して，様々なサービスが提供されるようになった。そのことにより，今まで嫌だけど仕方ないと思ってやり過ごしてきた長時間の通勤通学や，対面の会議など，「しない」という選択肢が現実となった。

　外出自粛やソフトロックダウン状態の中でも，ネットを介したビデオ会議や SNS といったコミュニケーションツールにより，人々はある意味で「繋がる」ことができ，全くの孤立状態に陥ることから救われたともいえる。新型コロナウイルス感染の脅威以前から生活や社会の様々な側面で始まっていたデジタル化が加速したともいえる。新型コロナウイルス感染の脅威から解放される「ポストコロナ」の時代においても，全ての機能がまた新型コロナウイルス感染の脅威が起こる以前の生活に戻ることはないかもしれない。

　従来，文化的に生活の様々な側面で，対面で会う，行うことが必須，あるいは重要視されてきた日本であるが，新型コロナウイルス感染拡大防止のために，あらゆるところで本当に「対面」であることが必要なのかどうか，ということが見直されるようになった。「対面」が物理的な距離を指すのではなく，バーチャルな「対面」，すなわちビデオチャット等を介した「対面」に置き換わっていくことも増えていくであろう。テレワークやリモートワークと呼ばれる在宅勤務も，緊急事態宣言下においては必然となり，それを機にテレワークやリモートワークを推進し始めた企業も少なくない。

　新型コロナウイルスと共存する「**ニューノーマル**」，すなわち新しい行動様式が求められるようになり，社会的距離（social distancing）と呼ばれる物理的距離を保つことが必須となった。オフィス，教室，レストラン等，様々な場所でレイアウトが見直されることになり，物理的接触を避けるためにタッチパネル等のインターフェースが，音声コマンドやマシーンビジョンなどによるインターフェースに急速に変わっていくことも考えられる。また，人同士の接触を減らすという観点から，サービスロボットの導入が進み，人にかわっていくのかもしれない。小売業，旅行業，医療，教育，行政などで，対面にかわるデジタル化されたサービスが普及していくと考えられる。

　もう 1 つ，新型コロナウイルス感染拡大がもたらしたことの 1 つにデジタル監視技術の強化があろう。前述したように，位置情報，IoT やビッグデータの普及により，個人を監視する技術は日々進化していたが，プライバシー保護の観点から，大々的に様々な個人情報を収集し，紐づけすることはタブーとされていた。それが，感染拡大防止という誰もが否定しがたい大義によって，監視が正当化されつつある。

　コンタクト・トレーシング（接触追跡）と呼ばれるアプリは，スマホ

に残るデータを活用し，感染経路を把握するアプリで，世界各国で感染拡大抑制の有効な手段であるとみなされ，活用されている。スマホの様々な位置情報を駆使し，また，近距離無線通信技術であるBluetooth（ブルートゥース）を用いて近くの端末と接続することによって，感染者との濃厚接触を通知することができる。感染者隔離のために，日本で当初行われていた聞き取りによる接触記録の作成には労力がかかるのみならず，人の記憶に頼るため精度も疑わしいが，スマホのアプリを使った接触追跡はより効率的であり，精度も高い。問題は，誰に接近したスマホの識別記録のリストの閲覧が許可されているか，である。匿名性を基本としているとしても，感染者の特定のために誰かが個人情報にもアクセスする必要があり，監視の可能性や個人情報の恣意的な乱用の危険性をはらんでいる。

　遠隔医療についても大きな変化が見られる。従来は，処方箋のためのみであっても定期的な受診が義務づけられていたが，新型コロナウイルス感染拡大により2020年2月から規制緩和が進み，**オンライン診察**が加速化し，初診患者でも対面の受診をせずとも処方されるようになった。これがもう一歩進めば，標準化された電子カルテ連携の導入となり，医療機関間での情報共有が容易となり，専門の違う医療機関への紹介も迅速化することが期待される。

　オンラインショッピング，ネット通販に関しても，その利用の広がりがさらに加速化してきているといえる。外出自粛で，実際に店舗を訪れることができず，ネットで買い物をすることが一般的になった。生鮮食料品や生活必需品等，それまでは近くのスーパーやドラッグストアに行って買っていたものも，ネットで買うようになった人も多いであろう。ネットでの取引が増加するとともに，**デジタルスキミング**といった支払いデータの盗難や悪質ネット通販業者も増加している。

　前述したオンライン上の社会活動のほぼ全てが通信環境に依存しており，モバイルネットワークの依存度も高まっている中で，第5世代の超高速移動通信システムである5Gの需要も高まっている。2020年夏には既存周波数の5G化により周波数帯域が増え，通信の高速化・安定化がさらに加速している。

　人工知能（AI），ビッグデータなどの活用で産業やビジネスが根本的に変わる「**第四次産業革命**」，または「**デジタルトランスフォーメーション（DX)**」という言葉を目にするようになって久しいが，新型コロナウイルス感染拡大を受けて，「第四次産業革命」が一気に進むことも否めない。コロナ禍によるオンライン上の壮大な実証実験と普及が一気に進み，第四次産業革命が本格的に幕を開けたと考える専門家も少なくない。

3．デジタル・デバイド

　社会の様々なサービスや機能がオンライン上で提供されるようになると，問題となるのが「**デジタル・デバイド（digital divide）**」または「**デジタル格差**」と呼ばれる社会的あるいは経済的事情によるデジタル環境へのアクセスの違いである。それには高速の通信インフラの欠如といった物理的な要因と，デジタル機器を購入できないといった経済的要因，デジタル機器を使いこなせないという教育的要因，または，デジタル機器を使うことへの抵抗感といった心理的な要因等が複雑に絡み合っている。

　「デジタル・デバイド」という言葉が初めて使われたのは1995年のことである。米国商務省電気通信情報局（National Telecommunications and Information Administration, NTIA）が1995年に発刊した Falling through the Net という報告書において，いち早く情報を入手し操作で

きる能力は，経済的成功のチャンスを生み，それがさらなる情報収集を可能とする経済資本を増やし，利潤の向上に結びつく，ということを問題にしたところにある。その後，デジタル・デバイドの概念は全世界に広がり，情報化社会の課題であるとの認識が高まった。

　デジタル・デバイドといっても，デジタル環境に恵まれている人々とそうでない人々，と単純に分割されているものではない。物理的にも，経済的にも，教育的にも，心理的にも，全てにおいてデジタル環境に恵まれている人をトップ，全くそうでない人をボトムであるとしても，多くの人々はその間のどこかに位置しているといえよう。単純に「持つ人と持たざる人」と片づけられる問題ではない。また，デジタル・デバイドは固定されているものでもなく，デジタル環境に恵まれていない人たちにおいても，政治的介入や経済的発展，あるいは教育の普及においてデジタル富裕層になれる可能性も秘めている。

　デジタルデモクラシーの成功例として語られ始めているのが台湾である。台湾は，1987年まで軍事政権下にあり，大統領選挙が最初に行われたのは1996年である。他国と比べて民主主義の導入が遅かったといえる。しかしながら，2012年にはシビックハッカーと呼ばれるグループが政策についてパブリック・オピニオンを募るネット上のプラットフォームを作り，デジタルデモクラシーを先導する発端となった。2017年には「インターネット接続は人間の基本権利である」として，遠隔地に居住する市民や，貧困層の人々にもブロードバンドのネット接続が可能となる政府主導のプロジェクトを立ち上げるようになった。こういった台湾のデジタルデモクラシーの立役者の1人が唐鳳（オードリー・タン）で，2020年にはデジタル担当政務委員として，コロナ禍の台湾でマスクの在庫が一目で分かるアプリのプログラムを開発し，日本でも一気に知名度が高まった人である。彼女のリーダーシップのもと，行政と

市民の壁を崩し，社会全体で課題を解決していく土台を形成したといえる。デジタルデモクラシーには，デジタル・デバイドをできるだけ失くすことが不可欠であることを台湾は政策で示したのである。

　台湾は，デジタルリテラシー教育においても先駆的である。2017 年には，全国の学校のカリキュラムに「メディアリテラシー」を取り入れたのみならず，「メディアコンピテンス」の考え方のもと，児童生徒はもはやメディアを受身的に消費するだけではなく，自ら発信者となることも踏まえて，ジャーナリズムやメディアの活用方法を責任ある市民として意識することも義務教育の中で教えている。

4．次世代のウェブ

　アメリカの国防省が軍事目的のネットワークとして 1969 年に現在のネットの原型となった ARPANET（Advanced Research Projects Agency NETwork，高等研究計画局ネットワーク）をスタートさせて半世紀以上が経ち，Microsoft 社の Windows 95 によりネットが一般家庭にも普及するようになって四半世紀以上が経った。

　通信プロトコルである TCP/IP 上で情報交換の仕組みとして 1989 年に当時 CERN（セルン；欧州原子核研究機関）の物理学者であった**ティム・バーナーズ=リー（Tim Berners-Lee）**によって提案された**ワールドワイドウェブ（World Wide Web）**は，世界中の情報が**ハイパーリンク**で繋がり，情報の民主化をもたらし，**Web 2.0** といわれる文化，誰もが情報を発信・共有することを可能とした。しかしながら，その一方で，ネットの商業化が進み，**GAFA**（Google, Apple, Facebook, Amazon の頭文字をとったもの）と呼ばれる巨大企業を生み出し，我々消費者がネット上で行う閲覧・検索・購入等の全ての履歴がデータとして売買される**監視資本主義（surveillance capitalism）**といわれる産業構造を形

成するようになってきた。ウェブの創始者であるティム・バーナーズ=リーも，現在のウェブの弱点を強く認識していて，当初彼が描いたビジョンとは違った方向にウェブが進化していることを危惧して，新しいウェブの仕組みである Solid というものを提唱している。現在のウェブが，情報が掲載されているウェブページをリンクするのに対して，Solid では POD（Personal Online Data Store：以降 POD）という個人のストレージ領域に個人のデータを保存し，他の人やサービスに読み書き権限を与える機能を持つことで，個人情報がその個人が管理できる仕組みになっている。

　ティム・バーナーズ=リーの Solid プロジェクトの他にも，次世代のウェブ，すなわち Web 3.0 として注目されているのが，**ブロックチェーン**により実現されようとしている分散型ウェブである。ブロックチェーン技術により，今まで1点集中型で様々なデータが**クラウド**と呼ばれるサーバーに集中保存されていたものが非中央集権型となり，個人情報は特定の企業ではなくブロックチェーンに参加したユーザによって分散管理されるようになり，ユーザ一人一人が参加するネットワークがサービスを提供する基盤となる，という構想である。

　ブロックチェーン技術により，個人情報が分散管理され非中央集権型となることで，不正アクセスや情報漏えい，データ改ざんのリスクが軽減するのみならず，国境や人種による制限がなくなり，**デジタル民主主義**の可能性も秘めている。デジタル民主主義とは，様々なデジタルメディアを活用して，市民が政治に関与すること，そして，人工知能（AI）により，より公正で平等な政策決定を促すことを指す。しかしながら，AI も学習するデータによって偏った判断を下すこともありうるし，決定を下す優先順位の付け方に倫理的配慮が欠ける場合もある。民主的な政策決定を行うには，多岐にわたって大量で多様なデータと情報

が長期にわたって必要であり，明確なルールに則ったデータのキュレーションが必要になってくる。

　米国マサチューセッツ工科大学（MIT）の集団学習（Collective Learning）グループ長であるヒダルゴ（César Hidalgo）が謳っている**拡張民主主義（augmented democracy）**の考え方では，**デジタルツイン（デジタルの双子）**により，人々が多様で多数の政策決定に直接参加することを可能にする。**デジタルツイン**とは，実空間の情報を，IoT などを活用してほぼリアルタイムでサイバー空間に送り，サイバー空間内に実空間の環境を再現するものである。民主主義の理想として直接民主制があるが，それを実現するためには国民一人一人が大量の政策決定に関与しなければならず多大な負荷を課すものである。それは，現実的ではないため，現実世界では，国民を代表する人を選出し，その代表者に政治決定を託すという代表民主制を取っている。しかし，この「代表」を人ではなく AI アバターに託すことによって，理想的な民主主義を目指すことができると，この拡張民主主義では説いているのである。1 人の人間では処理できない量の情報をアバターは処理し，個人の考え方や思想をアバターに教えることによって，デジタルツインのアバターがその個人のかわりに様々な決断を下してくれるのである。そのアバターは一個人のみを代表するため，政治的な思惑や忖度とは無縁である。また，サイバー空間では様々なシミュレーションを可能とするため，現実世界では国民からの批判を受けそうな施策でも，サイバー空間で簡単に実験することもできる。

　デジタルメディアは，もはや単体では存在せず，我々の日常生活の隅々に浸透しており，その一部となっている。日常生活で便利さや効率を求めて使っていたツールであったデジタルメディアは，徐々に実生活とは異なったサイバー空間を創造するようになり，2020 年に始まった

コロナ禍の影響で，その度合いは急速に進み，それが我々の働き方，学び方，人との付き合い方，健康維持，衣食住等，生活の全ての面において関わってきつつある。それとともに，物理的空間とデジタルメディア上に存在するサイバー空間との境がだんだん曖昧になり，注意しないと実在するものと仮想のもの，事実のものと虚偽のものの区別がつかなくなってきているともいえる。

5. テクノロジーの社会的構築

SF 小説や SF 映画等で語られる未来においては，機械やロボットが人間を支配する暗いものであったり，反対に，超人間が正義を全うするものであったり，実際の現実からかけ離れているものが多い。テクノロジー自体が運命を左右するカギを握っているといった「技術決定論」に対して，テクノロジー自体は善も悪もなく中立だが，それを活用する人間や社会や文化によって善くも悪しくもなるという「技術中立論」。すなわち，テクノロジー自体は中立的であり，社会文化的にその特徴が構築されていく，と考える理論的枠組みである**テクノロジーの社会的構築**（social construction of technology, SCOT）が，1980 年代に Pinch と Bijker によって議論されるようになった。この理論的枠組みでは，テクノロジーはブラックボックスなのではなく，様々な社会文化的要因によって形成されていくと考えられており，個人やグループが社会現実の認識を形成していく過程を重視する。

ネットを例に取って考えてみよう。もともとは軍事的目的から開発されたものであったが，それが広く研究者の間で使われるようになると効率的な情報共有の手段となった。ウェブの登場により一般的に使われるようになると誰もが情報を発信できる民主的な情報共有の手段となり，クラウドの登場によりターゲティング広告による巨大企業利益の温床に

なった。ブロックチェーンといった分散技術により，自己に主権を持た
せ，個人をエンパワーするものに変化するか否かの岐路に立っていると
いえる。今後の我々の生活や社会の基盤となるネット，ウェブ，デジタ
ルメディアが，どのような方向性を持って進化していくのか，それは，
我々個人が形成していくものであるともいえるのである。我々が望む方
向にテクノロジーが進化し，社会に浸透していくように注視する義務が
あると考える。

参考文献

National Telecommunications and Information Administration (1995). Falling
　　Through the Net：A Survey of the "Have Nots" in Rural and Urban America,
　　https://www.ntia.doc.gov/ntiahome/fallingthru.html（確認日 2021.10.26）
Pinch, T. J., & Bijker, W. E. (1984). The social construction of facts and artefacts：
　　Or how the sociology of science and the sociology of technology might benefit each
　　other. *Social studies of science, 14*(3), 399-441.

学習課題

1. 新型コロナ感染拡大に関して，どのような情報をネットから得，その情報の信
　　憑性や信頼性をどのようにして判断しているの考えてみよう。
2. デジタル・デバイドにより，どのような情報の格差があるのか考えてみよう。
3. 次世代のウェブについて，どのような考え方があるのか調べてみよう。

2 │ 日常生活とは

高橋秀明

《**目標＆ポイント**》　デジタルメディアは我々の日常生活にどのような影響を
与えているのだろうか。第1章では広く情報社会とは何かについて，またデ
ジタルメディアの特性について理解した。本章では，日常生活を営む"個
人"にとってデジタルメディアとは何かについて携帯電話等の例を取り上げ
て考える。その上で，主体としての個人とメディアがどう関わり合っている
のかを理解し，また，デジタルメディアがどのような特徴を持っているのか
について理解する。

《**キーワード**》　ライフイベント，ライフログ，生活時間，携帯電話，スマー
トフォン（スマホ），アクター，クリエーター，ユーザ，クリティーク，イ
ンターフェース，ストック，フロー，リニア，プッシュ型，プル型，ボット

1．はじめに

　デジタルメディアは我々の日常生活にとって欠かせない存在となって
いる。第1章では現代社会を情報化社会として概念的に捉え，テクノロ
ジー利用の観点から広くデジタルメディアを俯瞰したが，本章ではもう
少し具体的に本書のテーマである「日常生活におけるデジタルメディ
ア」を捉えてみよう。

　例えば，我々は日常生活でどのようなデジタルメディアを利用してい
るのだろうか。朝は携帯電話（ケータイ）やスマートフォン（スマホ）
の目覚ましで起き，デジタル化されたテレビをつけてニュース番組を見
る。仕事場に行けばパーソナルコンピュータ（personal computer, PC）

が用意されており，もはやパソコンなしでは仕事が成立しないだろう。学校においてもパソコンの普及が進みつつあり，児童生徒一人一人がタブレット端末を利用している学校も珍しくなくなっている。家の中を見回しても，冷蔵庫や電子レンジ，炊飯器，洗濯機，エアコンなど，機能を制御するために小さなコンピュータが内蔵されているものがほとんどであり，家庭電化製品（白物家電）ですらデジタルメディアと呼べるものもある。休日に車で出かけようとすれば，紙の地図よりもカーナビゲーション（カーナビ）が必要であろうし，スマホの地図アプリで十分という人も多いだろう。このように，我々の日常生活はデジタルメディアに囲まれており，生活にとって欠かせない存在となっている。

　ここで，「デジタルカメラ（デジカメ）で撮影する」ということを例にして，より深く考えてみよう。カメラ機能の付いたケータイやスマホがほとんどとなった今，デジカメを持ち歩く人も少ないだろう。ケータイやスマホがあれば，撮りたいと思いついたその場ですぐに写真を撮ることができる。さて，改めて考えたいが，我々がデジカメで撮ろうと「思いつく」とは，一体どのような意味を持つのであろうか。すなわち，その場の自分の体験を記録に残しておこう，家族や友達に見せたいなど，「思いつく」とは，その瞬間を記録に残す価値のある出来事だとみなしたということであろう。このように，「日常生活」には，文字通り「日々の諸々の活動」という意味と「人生で経験する出来事（ライフイベント）」という 2 つの意味があることが分かる（大久保，1994）。つまり，デジカメのようなデジタルメディアの利用は，我々の記録するべき出来事（ライフイベント）の範囲を広めているのである。こうした記録は「ライフログ（lifelog）」といわれる。ライフログの中には，寝て起きた時間，移動した距離や場所，食べたもの，人と話したことなど，日常生活の全てを記録しておこうという試みもある。アナログメディアと

26

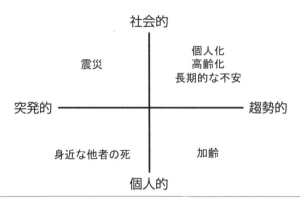

図 2-1 〈私〉の生活に変化をもたらした出来事（要因）
(出典：大久保孝治『日常生活の探究　ライフスタイルの社会学』, 2013 年)

異なり，デジタルメディアは記録する領域にほとんど限りがないという点が大きな特徴の1つであろう。

　2011 年 3 月 11 日に我々は東日本大震災を体験した。この震災は日常生活に大きな影響を及ぼしたばかりでなく，日常生活への捉え方にも影響を及ぼした。「戦後」が終わり，「災後」が始まるともいわれている（例えば，御厨・飯尾（2014）など）。上記の「出来事」に関しても同様であり，大久保（2013）の分類が参考になるだろう（図 2-1 参照）。

2．日常生活の時間と場所

　本章では，「日常生活」という概念について振り返ることから説明しよう。「日常生活」は当然のことながら人それぞれにより異なるものである。漠然とした概念であり，「日常生活」とは何かに関連する研究領域も多数ある。したがって，本科目において「日常生活」を理論的に考察することは難しい。そこで，ここでは「時間利用，時間消費」と呼ばれている考え方や枠組みを一例として参照しよう。この考え方や枠組み

とは，端的には，「人々は 1 日 24 時間をどのように使っているか？」で
ある。同時に「どこで」その時間を使っているか？も調査される。これ
に関連する調査は様々に存在するが，ここでは代表的な調査である
NHK 放送文化研究所「国民生活時間調査」の分類を紹介したい。

　まず，同調査の概要を紹介しよう。NHK 放送文化研究所によると，
1941 年に「戦時下国民生活時間調査」という名称でその後の基礎とな
る調査が行われた。そして戦後になり，1960 年に初めて「第 1 回国民
生活時間調査」が行われ，以来 5 年ごとに調査が行われている。同調査
は質問調査となっており，どのような行動にどれくらいの時間を使った
かを答える形式になっている。

　本章執筆時，NHK 放送文化研究所「2020 年国民生活時間調査」の報
告書は公開されていないため，渡辺・伊藤・築比地・平田（2021）を参
考にして 2020 年調査に基づいて，以下を続ける。この NHK 放送文化
研究所「2020 年国民生活時間調査」では，日常生活における行動を，
以下の 3 つに分類している（章末の表 2-1 に行動分類の詳細を紹介して
いるので，参照されたい）。

〈行動分類〉

1.　必需行動

　個体を維持向上させるために行う必要不可欠性の高い行動。睡眠，食
事，身のまわりの用事，療養・静養，からなる。

2.　拘束行動

　家庭や社会を維持向上させるために行う義務性・拘束性の高い行動。
仕事関連，学業，家事，通勤・通学，社会参加，からなる。

3.　自由行動

　人間性を維持向上させるために行う自由裁量性の高い行動。マスメ
ディア接触，積極的活動であるレジャー活動，人と会うこと・話すこと

が中心の会話・交際，心身を休めることが中心の休息，からなる。

　NHK 放送文化研究所「国民生活時間調査」のサイトを見ると（図2-2），1995 年以降のデータが公開されており，時間別行為者率が可視化されている。図 2-3 は，2020 年調査において，午前 7 時 00 分から午前 7 時 15 分に，40 代の男性と女性との行動を比較してみた。男性が「通勤」，女性が「家事」という行動を取っていることが大きな違いであることが分かり興味深い。読者にも，比較条件を変えてみて結果を確認してほしい。

　こうした行動の分類は，「日常生活」という抽象的な概念を具体化して分類しているものの 1 つといえるだろう。ひと昔前であれば，デジタ

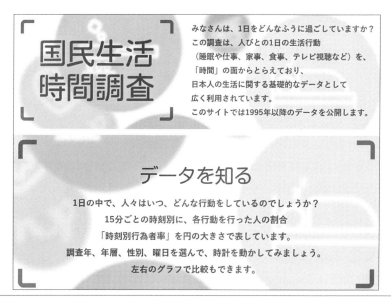

図 2-2　NHK 放送文化研究所「国民生活時間調査」：概要
（出典：https://www.nhk.or.jp/bunken/yoron-jikan/）

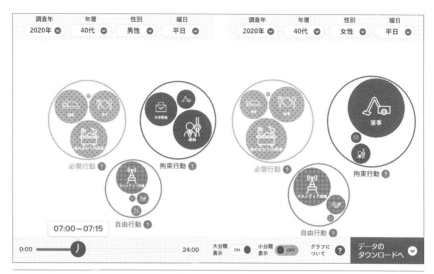

図 2-3　NHK 放送文化研究所「国民生活時間調査」：実例
（出典：https://www.nhk.or.jp/bunken/yoron-jikan/）

ルメディアといえば仕事においてパソコンを使う，レジャーとしてコン
ピュータゲームで遊ぶなど限られた行動において利用されるものだっ
た。しかし，現在では，例えば「睡眠」という行動においてもデジタル
メディアを利用して部屋の空調を管理する，睡眠中の家庭の電力を管理
する，DVD レコーダで番組を録画する，睡眠時間を記録するなど，デ
ジタルメディアと日常生活における行動は切り離せないものとなってい
る。
　この分類に関して，いくつかの補足をしておく。まず，多くの日本人
にとって，宗教的な行動の意味や日常生活での位置づけは曖昧であるこ
とを指摘することができよう。マスメディアの報道などで知ることがで
きるが，世界には，厳しい戒律に従って日常生活を送っている人々が多

い。そこで，宗教的な行動は，この分類ではどれに当てはまるのだろう
か？　決まった時間に決まった行動をする，という意味では「拘束行
動」として分類できるであろうが，そのような行為をすることで「心身
を休める」ことは否定できないであろうし，そもそも「個体を維持向上
させるために行う必要不可欠」であることも否定することは困難であろ
う。したがって，宗教的な行動を「自由行動」や「必需行動」としても
分類することはできるのであろう。

　1つの行動であっても，複数の意味内容を持つ行動であることが自然
であるということも指摘しておきたい。例えば，「通勤・通学」とは
「拘束行動」に分類されるが，そのような移動中に，多くの人は携帯端
末を利用してソーシャルゲームをして「自由行動」をしているであろう
し，また多くの人は同じ携帯端末を利用して仕事や学業に関する情報探
索などをして「拘束行動」をしたり，食事に関する情報探索などをして
「必需行動」をしているであろう。この「移動」という行動とICT（In-
formation and Communication Technology，情報通信技術）との関連に
ついては，第4章「モバイルメディア」や第6章「ジオメディア」で詳
しく説明されているが，さらに，歩行という行動自体を支援するスーツ
型ロボットやセグウェイなどの製品，さらには自動運転する自家用車の
開発などが進んでいることも指摘しておきたい。

　生活時間の分類では，「自由時間：休息」の「特に何もしていない状
態」や「その他」の「上記のどれにもあてはまらない行動」として取り
上げることができると思うが，「マインドワンダリング」について補足
しておこう。例えば，コーバリス（2015）によると，「私たちの心は日
中のほぼ半分はどこかをさまよっているという証拠がある」とし，その
ようなぼんやりした状態，すなわち「マインドワンダリング」には「多
くの建設的で適応的な側面があり，たぶん私たちはそれなくしては生き

ていけないことを示していよう」としている。我々は生物であるので，肉体的に休憩や休息が必要である。我々が適応するべき世界は複雑であるので，心理的にも，集中する状態とぼんやりした状態とを行き来することを避けることはできない。そして，「マインドワンダリングは何より創造性の泉，イノベーションのひらめきであ」り，我々にとって「長期的に」は「プラスにな」るとしている。マインドワンダリングについての心理学的な研究がさらに蓄積されてくると，我々の日常生活に対する捉え方も変わってくるだろうことは指摘しておきたい。

　「国民生活時間調査」における行動分類は，情報学の観点からも羅列し分類することに実用的な意味があると考えられるため，例としてあげた。もちろん，デジタルメディアという観点からは古い分類となっている部分もあると思われるが，参考としては十分である。こうした生活時間調査は，生活学の方法を検討する上で，マクロな生活学の成果であり真のミクロな生活学にとっても有益な資料となると評価されている（佐藤，1997）。さらに，高橋（2020）はユーザ調査の方法を紹介しているが，その中で触れている日記・日誌法やログ分析などの方法は，「国民生活時間調査」と類似した方法といえよう。木村（2012，2018）の提唱しているハイブリッドメソッドも量的な研究方法と質的な研究方法を組み合わせた方法であり，日常生活におけるデジタルメディアの利活用を研究する方法として有意味な方法といえるだろう。

　本節で紹介した NHK 放送文化研究所「2020 年国民生活時間調査」での分類枠組みは，「2015 年国民生活時間調査」でのそれと，大枠では同じであることを指摘しておく意味もあるだろう。ただし，表 2-1 の小分類や具体例まで詳細に比較していくと，たとえば，「拘束行動＞学業＞授業・学内の活動」の具体例で「授業（オンライン授業も含む）」が新たに加わった。読者もすぐに気づくように，2020 年からのコロナ災

禍のために，オンライン授業やリモート授業と呼ばれる形態が一般的に
なってきたことの現れと言えるだろう。また，「自由行動＞レジャー活
動」の小分類として「インターネット動画」が新たに加わり，小分類と
して独立したことも大きな違いと言えるだろう。デジタルメディアの技
術革新の速さによって，インターネット動画を見ることが，私たちの日
常生活において，より身近な行動になっているということであろう。こ
うして，将来的に，小分類レベルでの行動分類に別の変化が現れるの
か，さらに，中分類や大分類レベルでの行動分類まで変化が及ぶのか予
測することはできないが，このような調査を長期間にわたって継続し，
経年変化を研究することには意味があるということである。

3. 個人とデジタルメディア

　今や携帯電話やスマホは生活にとって欠かせないものとなっている。
「日常生活」で最も我々の行動を変えているものは携帯電話やスマホと
いっても過言ではないだろう。いつの日か携帯電話がもともとは「電話
だった」ことも忘れ去られるかもしれない。それだけ個々人の生活に
とっても携帯電話やスマホは必需品である。本節では電話が携帯電話へ
と移行した流れを追いながら，個人とデジタルメディアについての関係
性の変化を概観してみたい。

（1）　電話
　現在ではほとんどの人が携帯電話やスマホなどのモバイルメディアを
持っている。では，いつの時代から人は携帯電話やスマホを当たり前の
ものとするようになったのだろうか。携帯電話の歴史について少し振り
返ってみたい。
　携帯電話の代表的な機能はいうまでもなく電話（通話機能）である。

電話の歴史は古く，1876 年にグラハム・ベル（Graham Bell）によって発明され，日本では 1890 年（明治 23 年）から本格的なサービスが始まった。

　当初は一家に 1 台の電話があったわけではなく，その地域ごとに近隣の知人などに電話を借りて使用していた。例えば，1930 年代には近所のそば屋か酒屋で電話を借りる「呼び出し電話」が一般的だった。その後においても，家庭に電話が普及した当初は電話は玄関先に置かれていたという。つまり，電話は外の世界との接点にあるモノであったのだ。その後，電話は居間に置かれるようになり，子機が個室に置かれ，携帯電話を個人が持つ，というように変化してきた（佐藤，2012）。筆者が関わった 2004 年の調査（高橋・黒須，2004）でも，家庭内の（固定）電話やテレビなどの ICT 機器が（再）配置される場所は，携帯電話の所持や人間関係，電源確保などとも関連していた。

　つまり，こうした電話の置き場所の変化は，電話自体の仕様の変化，電話の利用のされ方の変化などが関連しているといえるだろう。そして，電話自体がアナログからデジタルへと仕様が変わり小型化したとともに，家庭で共有するモノから家族の一人一人が所有し，利用するモノに変わったということである。

　電話に関連するメディアという意味で，電話帳についても簡単に触れておこう。それまであった電話帳が「タウンページ」「ハローページ」という名称に変わり発行が始まった当時（1983 年），電話帳は最大の発行部数を誇る出版物であり，単に電話番号を検索するためのメディアであるばかりか，当初から広告媒体でもあったという（田村，1987）。しかし，現在では電話帳を見る機会がほとんどなくなったという人が多い。電話帳の機能は，デジタルメディアに代替されたともいえるし，ユーザが電話番号を個人情報の一部として捉え，一般には公開していな

34

いからだともいえよう。

（2）　携帯電話・ポケットベル・PHS

　外に持ち出せる電話として，最初に登場したのは「自動車電話」である。自動車電話は 1979 年に登場し，1985 年に日本電信電話公社から民営化した NTT が始めた自動車電話は端末の重量が約 3 kg と個人が携帯するのは重量が重過ぎたため，当初は個人ではなく企業など限定的な利用にとどまっていた。携帯電話が文字通り「携帯」できるためには，端末の小型化や軽量化が必要だったのである。

　1980 年代末期になり，ようやく小型で軽量な携帯電話が流通し始めた。例えば，1987 年に NTT が初めて提供を開始した携帯電話「TZ-802 型」の重量は約 900 g と軽量化に成功。1988 年に新しく参入した日本移動通信（現 KDDI）が 1989 年に発売した日本国内初の小型端末は約 300 g と大幅に小型化・軽量化した。また，1968 年にサービスが開始したポケットベル（ポケベル）や，1990 年代中頃に登場した PHS（Personal Handy-phone System，ピーエイチエス）などの新しい移動体通信サービスは，携帯電話とともに，個人がデジタルメディア端末を所有するという利用形態を広げた。

　特にポケベルでのメッセージのやり取りや，携帯電話のショートメッセージサービス（short message service, SMS）などについては，女子高生などの若者が短いメッセージを交換することに熱中した。これはつまり，従来の通話の機能のみを果たすだけであった電話が，テキストによるやり取りという機能も有した情報携帯端末に変化したということを意味する。

　そして，特に大きな転換点となったのは，1999 年に登場した NTT ドコモによる「i モード」である。「i モード」は，携帯電話でインター

ネットのサービスを提供するものであり，ポケベルや PHS で実現され
ていた機能も有していたため，利用者数が爆発的に増加することとなっ
た。「i モード」に似た情報サービスはドコモ以外の各キャリアにも導
入され，2010 年には国民 1 人が 1 台の携帯電話を持つといわれるまで
になったのである。「i モード」は携帯電話専用のインターフェースと
いう制約はあったものの，インターネットで提供されるコンテンツや
サービスを携帯端末で受けることができた意味は大きい。

（3）　スマートフォン・タブレット端末

　2007 年に登場した Apple 社の「iPhone（アイフォーン）」は，タッ
チパネルでの操作に最大の特色があり，「個人用の携帯コンピュータの
機能を併せ持った携帯電話＝スマホ」という概念が定着した。
「iPhone」の爆発的な普及が引き金となり，同じようなタッチパネル式
のスマホが各社から相次いで発売され，普及が急速に進んだ。スマホで
は，ネットで提供されるコンテンツやサービスが，文字通りいつでもど
こでも受けることができるようになったといえよう。特に，一般のユー
ザが様々なコンテンツをデザインし，また発信することが容易になった
ことは特筆するべきことであろう。ここにおいて，携帯電話・スマホが
個人の「日常生活」において決定的に重要な役割を果たすようになった
といえる。

　さらに 2010 年には，同じく Apple 社から「iPad（アイパッド）」が
登場した。当時は「iPhone を大きくしただけ」と揶揄されたが，その
後，「iPad」のような画面が大きいタッチパネル式の機器は「タブレッ
ト端末（Tablet PC，タブレットコンピュータとも）」と呼ばれるように
なり，今やパソコンの地位に取って代わりつつある。その後もスマホと
タブレット端末の中間の画面サイズとなる機器も登場しており，スマホ

とタブレット端末の境界線は曖昧である。スマホが「電話」という通話機能を有するのは当然だが，タブレット端末においても「Skype（スカイプ）」などのIP電話を利用することができるため，ますます固定電話と携帯電話・スマホ・パソコン・タブレット端末といったICT機器との境界線が失われつつあるといえるだろう。

4．メディアを利活用する主体

　ここまで，個人とデジタルメディアとの関係性について携帯電話等の機器を例にして見てきた。前節では，いかにデジタルメディアが日常生活と密接に関係するようになってきているのかを確認することができた。では，メディアと向き合う主体としての我々は，どのように位置づけられるのだろうか。本節では個人とメディアとの関係性について考えていきたい。

　メディアと人間との関係を研究する「メディア心理学」には，メディアの活用に関して次のような枠組みがある（高橋・山本，2002）。

1. メディアから受け取る：メディアの受容，理解，学習，心理的影響など
2. メディアを使う：メディアをどのように使用あるいは活用することができるか
3. メディアをデザインする：メディアを，人間にとって使いやすく，わかりやすく，安全にデザインする

　「メディア心理学」では，これら3つの観点から分類し，様々なメディアの人間への影響や，そのような影響を踏まえたメディアのデザインの仕方について検討されている。同じように，デジタルメディアの利

活用についても下記の 3 つの観点で区別することができるだろう。

 1.　デジタルメディアを通して「知る」
 2.　デジタルメディア活用自体を「する」
 3.　デジタルメディアを「つくる」

 また，野田・奈良（2002）は，「『メディア』や『リテラシー』を考えるときの基本的視点」として，以下の 3 つを区別している（IT：情報技術，■：媒介するメディア，をそれぞれ意味している）。

 1.　相互作用の相手としての IT
  「私」−■−「IT」（＝他者）
 2.　メディアとしての IT
  「私」−「IT」（＝■）−他者
 3.　用具としての IT
  ┌──私──┐
  │「IT」−「私」│−■−他者
  └──────┘

 これらの分類は，デジタルメディアの利用について，「私」，メディアを利用する主体，つまり，「**アクター（Actor）**」について，さらに検討するために必要なものである。ここで，デジタルメディアを活用する主体（＝アクター）について，いくつかの分類軸を区別したい。まず，「活用」の主体については，以下の区別ができるであろう。

 1.　活動の主体：デジタルメディアを使う人
 2.　活動（コンテンツやサービス）（の機会）を提供する側：デジタ

ルメディアをつくる人

また，アクターの大きさについても以下のような区別ができる。

- ○○ ×× （氏名）として（個人）
- ○○家の主として（家族）
- 日本国の国民として（国家）
- アジア人として（地域）
- 地球人として（地球）
- 宇宙人として（生命）

これらのアクター諸分類とも関連するが，デジタルメディアを活用するにあたり，アクターがどの程度まで時空間の広がりを意識しているかによっても，以下の区別ができるだろう。

- その活動をし始めてからし終わるまで
- 起きてから寝るまで
- 生まれてから死ぬまで　個体発生
- 行事　日常生活の区切り　○○式　冠婚葬祭　ハレとケ
- 人類として　生命体として　系統発生

ここで，「地球人」「宇宙人」としてであるとか，「系統発生」を取り上げることに疑問を持つかもしれない。しかし，少し振り返ってみると分かると思うが，我々個人の実感や認識は，地球や宇宙，さらには人類の歴史に大きな制約を受けているといわざるをえない。例えば，鎌田（2015）は，「長尺の目」という表現で，1万年という時間スケールで考

えることの重要性を指摘している。斎藤（2016）は，「自然界のすべて
は一回限りのことであり（中略）ビッグバンから現在（ひいては未来）
まで流れる一方向の時間軸を持った，ひとつの『歴誌現象』です」と述
べて，「歴誌主義」の哲学を主張している。

　日常生活を営む我々個人としては，今現在当たり前に過ごしている日
常生活が，どのくらい前から「当たり前」になっているかを振り返るこ
とができるだろう。デジタルメディアの歴史を振り返ってみると驚く人
が多いと思うが，例えばスマホが普及してから 15 年も経っていない。
15 年前と現在とで，日常生活に変化があったのか否か？　変化があっ
たのであれば，どのような変化であるのか？　その変化の原因としてデ
ジタルメディアがあるのか否か？など考えてほしい。さらに，15 年前
と比較して変化がなかったのであれば，何年前と比較すれば変化があっ
たと実感できるのか？　その変化の原因としてデジタルメディアがあっ
たのか否か？など考えてほしい。

　一方で，このようにデジタルメディアを活用するアクターを区別する
ことへの疑問もある。例えば，田中（2012）は，「**クリエーター**（つく
る人），**ユーザー**（使う人），**クリティーク**（考える人）」の分業が過ぎ
ることの弊害を指摘し，この 3 つの要素が一個人に統合されていること
の重要性を指摘している。ここで，田中のいう「クリティーク（考える
人）」とは，研究者や科学者，批評家ということになるだろう。デジタ
ルメディアの活用についても，本科目は「クリティーク（考える人）」
の立場であるわけである。

　これに関連して，原（2012）は，「便利な製品にかこまれて暮らすよ
り他になくなったとき，人間は，これまで哲学が考えてきたような近代
的自我であることをやめた。人間はユーザーになったのである。……便
利な製品を手にして，その内部にある真のメカニズムについて思わなく

なったのである。いや，思おうとしても，思えないのである。なぜなら，内部はとどのつまりブラックボックスだからだ。素人ユーザーにはわからないからだ」と述べている。こうした状況に対して，家電の販売員の説明や，取扱説明書，ネット上のQ&Aなどの手立てが講じられている。生活実践としては十分であろう。

　さて，こうしたデジタルメディアの活用の側面と主体とについて，具体的に紹介してみよう。例えば，「学習」であれば，以下の区別をすることができる。

　　1.「学習」の主体＝学習者，学生や生徒
　　2.「学習」の提供者＝教育者，施政者

　もちろん，こうした区別は学習者と教育者との相互作用を否定するものではない。さらに，「学習」に関わる活動については，以下の区別もすることができる。

　　1. デジタルメディアを通して「学習」を「知る」
　　　ウェブでコンテンツを調べる，教育機関を調べる，制度を調べる……
　　2. デジタルメディア活用自体で「学習する」
　　　eラーニング，uラーニング……
　　3. デジタルメディアで「学習」をつくる
　　　提供者，学習者も自ら「学習」をつくっている

　このことは，「生活時間」の行動についても同じことがいえる。例えば，「ゲーム」という行動は，本章の「2. 日常生活の時間と場所」で紹

介した行動分類では「自由行動」に分類されるが，あくまでも「使う人
＝ユーザ」の観点で「自由行動」に分類されているということである。
「ゲーム」について研究をしていたり，「ゲーム」産業に従事している人
にとっては，同じ「ゲーム」であっても「仕事＝拘束行動」として分類
されることになる。

5. メディアの中のデジタルメディア

　様々なメディアが存在する中でデジタルメディアはどのような特徴を
持っているのだろうか。本章で取り上げた「個人」「アクター」という
観点から，本節では「デジタルメディア」そのものの概念について検討
していこう。

　まず，「メディア（Media）」は，以下の 4 つの側面に区別できる（高
橋，2007）。

　　1. 媒介・媒質としてのメディア
　　2. 道具としてのメディア
　　3. 形式・様式としてのメディア
　　4. 意味内容・コンテンツとしてのメディア

　このうち，1 つ目の「媒介・媒質としてのメディア」は「**インター
フェース（Interface）**」といういい方もなされる。典型例として人間と
コンピュータとのインターフェースがある（黒須・暦本，2017）。

　2 つ目の「道具としてのメディア」とは，「もの」「人工物」などハー
ドウェアのことであり，情報通信機器に相当する。この 1・2 つ目の
「媒介・媒質としてのメディア」および「道具としてのメディア」とい
う側面から見たデジタルメディアの特性については，第 1 章において説

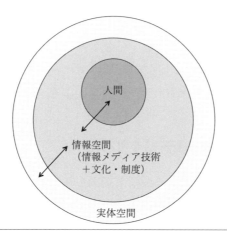

図 2-4　環境としての情報空間
（出典：遠藤薫（編著）『環境としての情報空間』，2002 年）

明されているので，参照されたい。

　本章で説明してきたように，デジタルメディアは私たちの日常生活に
欠かせないものとなっている。人間はメディアを活用するにあたりメ
ディアの媒介をほとんど意識せず，またメディアの活用が習慣化されて
いる状況を，藤竹（2004）は「メディアは人間にとって "第二の皮膚"
のように」なっていると述べている。こうして，人間は環境の中で生活
しているが，デジタルメディアも環境として捉えることもできる。ま
た，吉井（2000）は，このような状況を「情報のエコロジー」と呼んで
いる。

　こうして，デジタルメディアを環境や生態として捉えると，人間のデ
ジタルメディアの利活用についてもより現実的に検討する見通しが付い
てくる。すなわち，私たちは，例えば，ケータイをそれ単独で利用して
いるのではなく，類似した機能を持つ複数のデジタルメディアを，様々
な制約の中で使い分けている。この制約には，物理的な物としての制約

ばかりでなく，デジタルメディアが利用される対人コミュニケーションや社会的制度の制約も含まれている。

　遠藤（2002）は，以上のような状況を図 2-4 も示しながら明示している。すなわち，人間は，物としての環境（実体空間）にあるばかりか，情報空間の中で生活を営んでいるのである。このように，（デジタル）メディアを環境や生態として捉えることができるのは，メディアに，1・2 つ目の「媒介・媒質としてのメディア」および「道具としてのメディア」という側面と，3・4 つ目の「形式・様式としてのメディア」および「意味内容・コンテンツとしてのメディア」という側面とがあるからといえるだろう。

　3・4 つ目の「形式・様式としてのメディア」および「意味内容・コンテンツとしてのメディア」の典型例は，ネットのウェブ（Web）サービスによって流通しているメディアコンテンツ（Media contents）であろう。

　デジタルメディアにおけるコンテンツの分類としては，以下の 3 つの軸で区別することができる（田端，2012）。

1. ストック ― フロー
2. 権威性 ― 参加性
3. リニア ― ノンリニア

　ストック（Stock）とは，時間が経ってもその価値が劣化しないコンテンツである。「単行本＜新書＜ムック＜月刊誌＜週刊誌＜新聞＜ニュースサイト＜ツイッター（Twitter）」という順番で**フロー**（Flow）の性質が高まっていく。ツイッターのコンテンツは時間が経つとフローする（流れる）ため，あっという間にその価値は下がってしまう。

　権威性―参加性については，例えば，食事をする飲食店を探す際に参照するコンテンツとして，レストランの評価を星の数で表すことで知られる冊子「ミシュランガイド」を参照するのか，ユーザがレストランを評価するウェブサイト「食べログ」（https://tabelog.com/）を参照するのかという例をあげている。逆に，例えば検索エンジン「グーグル（Google）」の検索結果を究極の参加性を持つコンテンツとみなすことができるとしている。

　最後のリニア（Linear）とは，映画が典型例である。すなわち，コンテンツの最初から最後までを，時間軸に沿って見ることを強いられる度合いである。

　さて，メディアを介した情報のやり取りに関して，プッシュ（push）型対プル（pull）型といわれる区別もよくなされるので簡単に紹介しておこう。プッシュ型とは情報の送り手が受け手に情報を押し付けるということであるのに対して，プル型とは情報の受け手側から情報を引き寄せる，というように区別される。テレビやラジオというメディアは最初にスイッチを入れチャネルを選ぶまではユーザが情報を引き寄せる必要があるが，その後はいわば一方的・強制的に番組が流されることになる。これに対してウェブコンテンツについては，ユーザがどのサイトに行き，何のページを見るかを自身で決めていく必要があるということである。

　最後に，デジタルメディアの特徴を考える際に，自動化や自律の程度という側面があることについて触れておこう。すなわち，ロボットとは人工物ではあるが，自動化され自律して活動するものも多い。ウェブの技術にボット（bot）があるが，これも自動的に情報を検索するように作られている。同じように，コンピュータが人間行動を誘導するためにも利用されているということも指摘しておこう。リーブスとナス

（2001）は，人間がコンピュータをはじめとするメディアを人間と同じようにみなすという「メディア等式（media equation）」という考え方を提唱したが，さらにフォッグ（2005）はコンピュータなどのメディアを説得さらには行動誘導の道具として使うというカプトロジ（Computer As Persuasive TechnOLOGY：CAPTOLOGY）の考え方を提唱している。このようなデジタルメディアにおける自動化や自律という性質や，さらにはデジタルメディアを利用して人間行動を誘導するという考え方を理解しておくべきであろう。

参考文献

コーバリス，マイケル，，鍛原多惠子訳『意識と無意識のあいだ　「ぼんやり」したとき脳で起きていること』（講談社，2015 年）

遠藤薫（編著）『環境としての情報空間』（アグネ承風社，2002 年）

藤竹暁『環境になったメディア』（北樹出版，2004 年）

フォッグ，B.J.，高良理・安藤知華訳『実験心理学が教える人を動かすテクノロジ』（日経 BP 社，2005 年）

原克『白物家電の神話　モダンライフの表象文化論』（青土社，2012 年）

鎌田浩毅『西日本大震災に備えよ　日本列島大変動の時代』（PHP 研究所，2015 年）

木村忠正『デジタルネイティブの時代　なぜメールをせずに「つぶやく」のか』（平凡社，2012 年）

木村忠正『ハイブリッド・エスノグラフィー　NC（ネットワークコミュニケーション）研究の質的方法と実践』（新曜社，2018 年）

黒須正明・暦本純一『コンピュータと人間の接点』（放送大学教育振興会，2017 年）

御厨貴・飯尾潤（編）『別冊アステイオン　「災後」の文明』（阪急コミュニケーションズ，2014 年）

野田隆・奈良由美子（編）『情報生活のリテラシー』（朝倉書店，2002 年）

大久保孝治『生活学入門』（放送大学教育振興会，1994 年）

大久保孝治『日常生活の探究　ライフスタイルの社会学』（左右社，2013 年）

リーブス，B.，ナス，C.，細馬宏通訳『人はなぜコンピューターを人間として扱う
　か――「メディアの等式」の心理学』（翔泳社，2001 年）

斎藤成也『歴誌主義宣言』（ウェッジ，2016 年）

佐藤健二『ケータイ化する日本語』（大修館書店，2012 年）

佐藤健二「生活学の方法」川添登・佐藤健二（編）『講座生活学 2　生活学の方法』
　（光生館，1997 年）

高橋秀明・黒須正明「日常生活における情報通信機器の（再）配置のありよう」，
　『日本認知心理学会第 2 回大会発表論文集』（日本認知心理学会，2004 年）

高橋秀明「説明の表現とメディア」，比留間太白・山本博樹（編）『説明の心理学』
　（ナカニシヤ出版，2007 年）

高橋秀明『ユーザ調査法』（放送大学教育振興会，2020 年）

高橋秀明・山本博樹（編）『メディア心理学入門』（学文社，2002 年）

田中浩也『FabLife ――デジタルファブリケーションから生まれる「つくりかたの
　未来」』（オライリー・ジャパン，2012 年）

田端信太郎『MEDIA MAKERS ―社会が動く「影響力」の正体』（宣伝会議，2012
　年）

田村紀雄『電話帳　家庭データベースの社会史』（中央公論社，1987 年）

渡辺洋子・伊藤文・築比地真理・平田明裕「新しい生活の兆しとテレビ視聴の今～
　「国民生活時間調査・2020」の結果から～」（『放送研究と調査』，71（8），2-31，
　2021 年）https://www.nhk.or.jp/bunken/research/yoron/pdf/20210801_8.pdf（確
　認日　2021.10.26）

吉井博明『情報のエコロジー』（北樹出版，2000 年）

NHK 放送文化研究所世論調査部「国民生活時間調査」https://www.nhk.or.jp/bun
　ken/yoron-jikan/（確認日　2021.10.26）

学習課題

1. 自分の日常生活を振り返るために，15 分ごとに時間をどのような行動に使って
　いるか記録してみよう。その際に，どのようなメディアを利用しているかも記
　録してみよう。

表 2-1　行動分類の詳細

大分類	中分類	小分類	具体例
必需行動	睡眠	睡眠	30 分以上連続した睡眠、仮眠、昼寝
	食事	食事	朝食、昼食、夕食、夜食、給食
	身のまわりの用事	身のまわりの用事	洗顔、トイレ、入浴、着替え、化粧、散髪
	療養・静養	療養・静養	医者に行く、治療を受ける、入院、療養中
拘束行動	仕事関連	仕事	何らかの収入を得る行動、準備・片付け・移動なども含む
		仕事のつきあい	上司・同僚との仕事上のつきあい、送別会
	学業	学校・学内の活動	授業(オンライン授業も含む)、朝礼、掃除、学校行事、部活動、クラブ活動
		学校外の学習	自宅や学習塾での学習、宿題
	家事	炊事・掃除・洗濯	食事の支度・後片付け、掃除、洗濯・アイロンがけ
		買い物	食料品・衣料品・生活用品などの買い物(インターネットでの購入も含む)
		子どもの世話	子どもの相手、勉強をみる、送り迎え
		その他	整理・片付け、銀行・役所に行く、子ども以外の家族の世話・介護・看病
	通勤	通勤	自宅と職場(田畑などを含む)の往復
	通学	通学	自宅と学校の往復
	社会参加	社会参加	PTA、地域の行事・会合への参加、冠婚葬祭、ボランティア活動
自由行動	会話・交際	会話・交際	家族・友人・知人・親戚とのつきあい、おしゃべり、電話、電子メール、家族・友人・知人とのインターネットでのやりとり
	レジャー活動	スポーツ	体操、運動、各種スポーツ、ボール遊び
		行楽・散策	行楽地、繁華街へ行く、街をぶらぶら歩く、散歩、釣り
		趣味・娯楽・教養	趣味・けいこごと、習いごと、観賞、観戦、遊び、ゲーム
		趣味・娯楽・教養のインターネット(動画除く)	趣味・娯楽としてインターネットやSNSを使う*
		インターネット動画	インターネット経由の動画を見る
	マスメディア接触	テレビ	BS、CS、CATV、ワンセグの視聴も含む
		録画番組・DVD	録画したテレビ番組や、DVD・ブルーレイディスクを見る
		ラジオ	らじる★らじる、radiko(ラジコ)からの聴取も含む
		新聞	朝刊・夕刊・広報紙を読む(チラシ・電子版も含む)
		雑誌・マンガ・本	週刊誌・月刊誌・マンガ・本を読む(カタログ・電子版なども含む)
		音楽	CD・テープ・レコード・インターネット配信などラジオ以外で音楽を聞く
その他	休息	休息	休憩、お茶、特に何もしていない状態
	その他	その他	上記のどれにもあてはまらない行動
	不明	不明	無記入

*仕事や家事、学業上の利用は、それぞれ「仕事」「家事」「学業」に分類。メールやLINEなどのやりとりは「会話・交際」に分類。
(出典:渡辺・伊藤・築比地・平田(2021)の表1から作成)

3 | パーソナルメディア

高橋秀明

《**目標＆ポイント**》　第2章で個人とデジタルメディアの関係性について触れたが，本章のテーマである「パーソナル化」は情報そのものが一人一人の個人のためにテーラーメイドに情報提供がなされ，カスタマイズされていることを指す。まず，本章ではパーソナル化とは何かを考え，そもそもパーソナリティ（人格）とは何か，さらにパーソナル化の利点とその危険性について理解する。

《**キーワード**》　パーソナル化，レコメンデーション，パーソナリティ，生体認証，メディア等式，ペルソナ，パーソナル・ファブリケーション，自分メディア，自己メディア

1. はじめに

　第2章において，携帯電話等の機器と個人との関係性からデジタルメディアについて説明した。携帯電話やスマートフォンにおいて，デジタルメディアが機能は維持されたままで小型・軽量化され，いつでもどこにでも持ち運ぶことができるようになった。このことは，デジタルメディアを利用する人（ユーザ）にとっては，デジタルメディアはユーザ一人一人が使うということと，密接に関係している。本章は，これを，「**パーソナル化（personalization）**」という概念を使って説明してみたい。

　例えば，インターネットを利用して商品を購入した経験を持つ人は多いだろう。ショッピングサイトで商品を購入すると，そのサイトからの

「新商品のお知らせ」がくることがある。これは，詳しく後述するが「**レコメンデーション（recommendation）**」と呼ばれる技術が用いられている。レコメンデーションはユーザの購入履歴や検索履歴，また，あらかじめユーザが登録した趣味や興味の情報からユーザごとに興味のありそうな商品の情報などを選択して表示する技術である。これはデジタルメディアのパーソナル化の典型例といえよう。

　他の例としては，スマホなどの情報端末を利用しているユーザがアプリケーション（アプリ）などを自分用にカスタマイズすることなどがあげられる。ユーザはスマホなどを，その製品を購入した時の設定のままに利用し続けているのではなく，個々人の好みや必要に応じてアプリを入れたり，そのアプリの配置を変える。また，スマホ以前の携帯電話から行われていたが，自分好みのストラップをつけたり，端末を保護するケースを選んだり，デコレーションを施したりすることで，自分専用のお気に入りの端末に仕上げていくこともなされていた。

　本章では「パーソナル化」を「人格化」「ユーザ一人一人」「自分を表現する」の異なる3つの側面から捉えていく。

　「人格化」とは，人間がデジタルメディアを「人格」を持ったモノとして接する側面である。

　「ユーザ一人一人」とは，一人一人のユーザに対して，デジタルメディアの提供側がサービスを提供するという側面，また逆にユーザ一人一人が個人の情報を発信しているという側面の2つである。

　「自分を表現する」とは，ユーザが個人の情報を発信するばかりではなく，それぞれが自分自身を表現するメディアとしてデジタルメディアを利活用するという側面である。

　なお，これら3つの側面は判然と区別されているわけではなく，デジタルメディアの利活用の中で場面ごとに混在している。したがって，利

活用の局面に応じて，いずれかの側面が際立っていることがあるという意味である。

2．パーソナリティ（人格）

　まず，パーソナル化の第一の側面である「人格化」について検討してみよう。そもそもパーソナル化を考える前提として，「パーソナリティ（personality，人格）」とは何かを知る必要がある。本節はその前提ともなる側面である。

（1）　個人を同定する

　同定とは，英語でいえば"identify"である。「ID（identification，アイディー）」という言葉がすでに一般名詞化しているが，つまり，誰が誰であるかなど「同一である」と見極めることを指す。

　例えば，私たちは自分の身分証明をする時，あるいは本人確認をする時に，どのようなことをしているかを振り返ってみてほしい。自動車の運転をする人であれば，自動車の運転免許証を最初に思い浮かべるはずだ。では，運転免許証とは何であり，どのような情報が掲載されているだろうか。

　まず，運転免許証は「道路交通法」によって規定された公文書である。そこには，氏名，生年月日，住所，免許証の交付日と有効期限，免許の条件等，免許証の番号，免許の種類，顔写真，といった情報が掲載されている。免許証の本籍欄はなくなっているが，2007 年（平成 19年）から段階的に導入された IC 化により，本籍情報は IC チップのみに記載されているからである。以前は運転免許証を取得や更新する際に，本籍が記載された住民票を提出する必要があった。すなわち，本籍とは戸籍の最も基本的な情報であり，「戸籍法」は日本国民の個人の身

分を規定している最も基本的な法律である。本籍を定めた一組の夫婦を基本単位として戸籍簿が編成されている。また，本籍には個人ごとに，出生，婚姻，死亡などが記載されていく。

　同じように，住民票や住民基本台帳カードも本人確認を行うために使われる。これらは「住民基本台帳法」によって規定されており，個人および世帯は住所に基づいて作成されている。各個人ごとに，住民票コード，氏名，住所，生年月日，性別などの情報が記載されており，選挙人名簿への登録，各種保険の資格確認，学齢簿の作成，印鑑登録など，日常生活を営む上で大切な事務手続に利用されている。1999 年（平成 11 年）からは，住民基本台帳ネットワークシステムに統合され，住民基本台帳カードが発行されるに至る。住民基本台帳カードも IC カードであり，電子政府・電子自治体や各種の電子申請の基盤と位置づけられているものである。

　住民基本台帳カードは 2015 年（平成 27 年）12 月限りで発行を終了し，それにかわるものとして，いわゆる「マイナンバーカード」の制度が始まった。正式には，2015 年（平成 27 年）10 月に施行した「行政手続における特定の個人を識別するための番号の利用等に関する法律」によって規定されている。個人番号（マイナンバー）や証明写真の情報も記載されており，行政サービスばかりでなく，民間のオンライン取引などのサービスのために利用することが期待されている。

　さらに，本人確認にはパスポートも利用されることが多い。パスポート（旅券）とは文字通り，国外に渡航する者に，その国籍と身分を証明し，外国官憲に保護を依頼する公文書である。パスポートは「旅券法」などによって規定されている。パスポートも同じように IC 化されており，2006 年より IC チップが埋め込まれたパスポートが交付されている。このことに関連して，国際空港には，パスポートと指紋の照合によ

り自動的に出入国審査を行うことができるシステムである「自動化ゲート」が導入され，入出国の事務手続も電子化されている。海外旅行の入国時に指紋を採取されたことがある人も多いと思うが，これは**生体認証**（biometrics authentication，バイオメトリクス認証とも）と呼ばれる技術であり，やはり電子化が著しい分野である。

　このように，本人確認は単に個人認証をするだけでなく，個人認証をすることによって，それぞれに応じたサービスを提供するためにある。

　以上のように，社会において，個人を同定する仕組みは多くの場合，国家により制度化されているといえるだろう。なお，2020 年からのコロナ災禍のもとで，ワクチンパスポートという概念が，認識されるようになってきている。これは，ワクチンを接種したことを証明するものであるが，どのような仕組みとして実現されるのか，国家による違いがあるのか否か？　そもそも人権侵害であるという批判もあり，予断を許さない。

（2）　パーソナリティ

　「パーソナリティ（personality）」という用語は，心理学の専門用語として以前「性格」と訳されていたが，現在では一般的に「人格」と訳されている。カタカナでそのまま「パーソナリティ」と使用されることも多い。パーソナリティは，単に性格だけでなく，知的能力や社会性なども含めた全体的な意味が重視されているということである。ここでは，そのような全体的な意味で「人格」という用語を使っている。

　デジタルメディアを一人格としてみなすという場合，その人格を他人格，つまり他人として見る場合と，自分として見る場合とがあるので，それぞれについて検討しよう。

① 他人格として

　パソコンを操作している時に，パソコンに対して感情的な言動をしたことがある人も多いのではないだろうか。例えば，操作を間違えてしまい動かなくなったパソコンに対して「ウソ！」「アホな！」といった言葉を投げかけてみたり，何の反応もしなくなったパソコンの本体やモニターを叩いてみたりする。あるいは逆に，テレビゲームなどをしていてうまくクリアできた時に「よくやった」とほめてみたり，ネットショップで欲しい商品を最安値で購入できて「ラッキー！」と叫んだりするといったことだ。こうしたことは誰しもが一度は経験したことがあるであろう。電子メールやSNS（social networking service，ソーシャルネットワーキングサービス）において，コミュニケーションする相手が目の前にいないにもかかわらず感情的な言動をするのも同じである。

　これらのことが示すのは，私たちがデジタルメディアを媒介して，そのデジタルメディアを他人格とみなしているということである。それぞれのデジタルメディアに名前をつけて呼んでいるという人もいるかもしれない。例えば，リーブスとナス（2001）は，このような事態を「メディア等式（media equation）」と名づけ，理論的な研究を行っている。

② 自分（の分身）として

　デジタルメディアを他人格としてみなすということと裏腹の関係にあるのが，デジタルメディアをユーザ自身として，あるいは自分の分身としてみなす事態だ。

　例えば，電子メールを利用している人も多いと思うが，その中で電子メールのアカウントを複数持っている人もまた多いだろう。仕事で利用している電子メールアドレスの他にも，自宅で個人用とプライベート用に利用している電子メールアドレスがあるといった場合である。あるいは，ネットゲームをしている人ならば，そのゲームの中で自分のキャラ

54

クターを多数持っていることもあるだろう。

　詳しくは第 13 章の「安全・安心とデジタルメディア」で触れるが，デジタルメディアの利活用における危険性の一側面として，デジタルメディアへの依存や，ネット上における他者への攻撃性の高まり，不祥事をきっかけにネット上で爆発的に注目を集める「炎上」という事態などがある。こうした現象が起こる理由の 1 つとして，ユーザがデジタルメディアを自分と同一視する，あるいは自分の分身とみなすという点がある。

　ここで，「自己」という概念は心理的なものとして捉えるよりも，メディアとして捉えることができるとする，加藤（2012）の議論を参考にしてもよいだろう（図 3-1）。

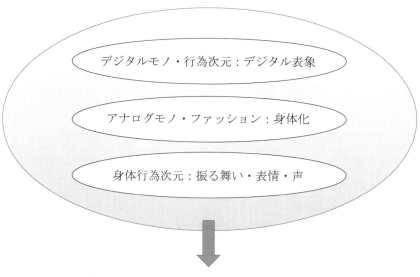

デジタルモノ・行為次元：デジタル表象

アナログモノ・ファッション：身体化

身体行為次元：振る舞い・表情・声

自己の輪郭：印象マネジメント＝メッセージ性＝情報発信

図 3-1　自己のメディア化
（出典：加藤晴明『自己メディアの社会学』，2012 年）

すなわち，デジタルメディアは様々な表象を発信するばかりではない。持ち物・ファッションとしてのデジタルメディアや，振る舞い・表情・声などのデジタルメディアを媒介して発信もしており，これらの3つの層で自己の輪郭が形作られ，一定の情報発信をしているとする捉え方である。こうしたデジタルメディアにおける人格の在り方と似たものとして，ディストピア小説の分析を通して対人関係の相手ごとに異なる人格になる「分人主義」がある（円堂，2011）。

振り返ってみれば，デジタルメディアが登場するずっと前から，人間は紙メディアでペンネームを利用したり，人まねをしたりしていた。「パーソナリティ」の語源は「**ペルソナ（persona）**」であり，その意味は「仮面」である。

③　匿名

最後に「匿名」について触れておこう。匿名とは情報発信も含め行動をする際に，自分の実名や素性など個人情報を明かさないことをいう。第10章の「政治とデジタルメディア」の章で「投票」について詳しく検討するが，少なくとも民主主義のもとでは，投票行動は無記名，つまり匿名で行い，このことは日本国憲法でも規定されている（第15条第4項）。

また，第13章の「安全・安心とデジタルメディア」で匿名により政府，企業，宗教などに関する機密情報を公開するサイト「ウィキリークス（WikiLeaks）」について述べるが，情報漏えいの1つの動機として「告発」ということがあり，告発者を守る意味でも匿名というパーソナリティが存在することを否定はできないだろう。

日本では2010年末頃から「タイガーマスク現象」と呼ばれる寄付などの社会的善行が匿名で行われる活動がマスコミに大きく取り上げられたことがあるが，こうした善意が匿名をまとう場合があることを否定す

ることはできないだろう。しかしながら，ネットで「匿名」というと「5 ちゃんねる」などの匿名掲示板が代表的であり，無責任や無意味なコンテンツといったネガティブな評価がなされることが多い。ここで述べたように，匿名には告発や善行などを促進する機能的な側面があると考えられるため，ただ匿名だからよくないとすることには疑問を呈する。ただし，これは本書の読者に開かれた問題であると指摘しておくにとどめたい。

3．ユーザー人一人

　本節では，第二の側面としての「ユーザー人一人」について，具体例もあげつつ，その利点と危険性にも触れてみたい。

（1）　ユーザー人一人の利用履歴に応じたサービスを提供する：レコメンデーション

　本章の冒頭で述べたことの繰り返しになるが，ユーザの購入履歴や検索履歴，また，あらかじめユーザが登録した趣味や興味の情報から各ユーザごとに興味のありそうな商品の情報などを選択して表示する技術は「レコメンデーション」と呼ばれる。商品を購入したサイトから「新商品のお知らせ」のメールが届くのは，サービスの提供者側がユーザに対して通知しているため「プッシュ（push）型のサービス」といえるだろう。

　しかしながら，レコメンデーションするための情報はプッシュされているわけではない。例えば，ユーザは商品を購入しようとする際に，様々な検索行動を取る。ユーザは自分が欲しいと思う商品を検索して，その特定の商品を購入した別のユーザのコメントや評価を参考にする。一方でユーザが自分の欲しい商品が絞り切れていない場合には，関連す

る商品や類似の商品を検索し，それらの仕様を比較して欲しいと思う商品に絞り込み，購入を決めるだろう。こうした行動はネットではごく自然に行われている。当然ながら，こうしたユーザの行動が「検索の履歴」という情報としてサイトを閲覧するブラウザーに保存される。レコメンデーションはこうした履歴を活用してプッシュすべき情報をユーザ一人一人に合わせて提供しているのである。

　また，よく商品を購入するネットショップには，ユーザが過去にどのような商品を購入してきたかの履歴が情報として保存されている。ネットショップは，ある特定のユーザに関する購入履歴情報を持っているわけではなく，様々な顧客の購入履歴情報を保持している。したがって，ある特定のユーザの好みに応じたレコメンデーションばかりではなく，似た好みを持つユーザなどの購入履歴を含めて分析し，提供すべき情報を選ぶことで，より精度の高いレコメンデーションを実現しているのである。

　関連して，いわゆる「信用情報」について触れておこう。ユーザは自らの信用性を高めるために，ネットの利用履歴を作り上げていくことも起こっている。クレジットカードの決済はきちんと行う，商品の購入サイトにおいて怪しい商品を見ない・買わない，SNS などで怪しい商品を知人などに勧めない，などである。サービスの提供者側も，このような信用情報によって，ユーザを限定することも行われている。

（2）　ユーザ一人一人の利用状況に応じたサービスを提供する：カーナビゲーション

　地図は，自分の居場所が分からなくなる時，他人に場所を説明する時などに使うことが多い。また，地図帳を利用するなど，自分で地図を書くこともあるだろう。

　地図情報の流通についても，アナログメディアからデジタルメディアへ変化してきている。例えば，携帯電話やスマホの地図コンテンツや地図アプリは，自分の今いる位置を GPS によって検出して表示した上で目的地を調べることができる。同じように，自動車にはカーナビ（カーナビゲーション）があり，迷うことが少なく目的地へたどり着くことができるようになった。さらに，カーナビは自動車の進行方向に応じて，地図が自動的に回転する。これは，人は自分の行きたい方向と地図の方向とを一致させた方が地図の理解がよいという認知心理学の知見が応用されている例である（村越，2003）。ここでもユーザ一人一人の利用状況に応じて情報提供やサービスが行われている。

　ただ一方で，ユーザ個人がどのような行動をしているかなどの個人情報をデジタルメディアに記録することで，ユーザにとって便利なサービスが提供されていると考えることもできる。前述で個人認証の例を紹介したが，個人が特定されればされるほど，プライバシーの問題が生じてくる。例えば，ある商店の近くを歩いているユーザに対して，その商店のオススメ商品を表示させることも実際に行われているが，利便性が高い一方で，そうしたプッシュ型のサービスに違和感を持つユーザも一定数はいるわけである。ここにおいて，利便性の追求とプライバシー保護との間にある境界線は曖昧である。

（3）　ユーザ一人一人が様々に利用する：デジタルメディア

　ここまで「レコメンデーション」と「カーナビ」という事例を基に，ユーザ一人一人のためのデジタルメディアについて述べてきたが，もう少し別の観点についても触れておこう。

　例えば，文字を入力するためにあるパソコンのキーボードには，様々な種類があり，ユーザが好きなキーボードを選んで使うことができる。

どのキーにどういったコマンドを設定するかなど，ユーザの好みに応じて設定を変えることもできる。つまり，ユーザごとの好みに応じてカスタマイズできるということである。入力方法のカスタマイズはキーボードのみならず，例えば音声入力やタッチの動作認識というように多様化し，パーソナル化されてきている。出力方法についても，文字のフォントを個人で自作する人もいる。前述のとおり，スマホの利用においてユーザは，一人一人が必要な，あるいは嗜好するアプリをインストールして利用している。また，それらのアプリをどのように画面に配置するかもユーザの必要性や嗜好に応じて違ってくる。

　さらには，米国マサチューセッツ工科大学（MIT）メディアラボのニール・ガーシェンフェルド（Neil Gershenfeld）らが提唱した，コンピュータやネットワークを取り入れた個人によるものづくり「**パーソナル・ファブリケーション（Personal Fabrication）**」がある（田中，2012）。具体的には「3D プリンター」に代表されるが，デジタル工作機械のコモディティ化が進むことにより価格が安価になり，一般の人でも利用できる環境が広がってきている。いわゆる「工業の個人化」とも呼べる状況が実現しつつある。自分が作りたいモノを自分で作ることができる状況になりつつあるのである。

（4）　パーソナル化の危険性について

　最後に，このようなデジタルメディアのパーソナル化に関する負の側面について触れておく。これまで，デジタルメディアのパーソナル化について「ユーザ一人一人」というキーワードで説明してきたが，日常生活自体がパーソナル化しているということは，生活者の一人一人はそれぞればらばらに生活しているにもかかわらず，どこかで繋がっているかもしれないということを意味する。

　例えば，家庭の食卓を思い浮かべてみよう。今や子供だけがネットやケータイに夢中になっているわけではない。その父母もそれぞれが自分のしたいことをデジタルメディアですることに夢中になっている。家庭での食事が各人「バラバラ食」になっており，今や各人が時空間で勝手気ままに食事を取る「勝手食い」という状況になっている。いわば「家庭のネットカフェ化」ともいえる事態である（岩村，2012）。

　プライバシーの問題を含めて，デジタルメディアのパーソナル化には利便性が向上するというプラスの側面だけではなく，様々なマイナスの側面があることを指摘しておきたい。

4. 自分を表現する

　デジタルメディアのパーソナル化の3つの側面のうち，最後の側面は「自分を表現する」ということである。日常生活において，単に携帯電話やスマホでメッセージを送り合うだけでなく，SNS などで写真や動画を投稿することなどはすでに身近なことであろう。こうした例は，まさに情報の発信者が「自分を表現」しているわけである。前述の加藤（2012）は「自己メディア」について次のような区別をしている。

- ・ **自分メディア（own media）**：所有・管轄の欲望
- ・ **自己メディア（self media/narrative media）**：私的な自己表現／自己を語る装置

　ここまでは「自分メディア」，つまり「自分が所有している」あるいは「管轄している」「その欲望を持っている」メディアの利活用に関連することについて言及してきた。本節は，それに対して後者の「自己メディア」，つまりユーザの「私的な語り」や「表現の装置」としての利

活用に関連する内容である。加藤（2012）はメディア行為に関して「メ
ディア行為の3元図式聖―俗―遊の図式」として下記の区別もしてい
る。

1. 道具的な要素：インスツルメントとしての利用
2. 遊び的な要素：コンサマトリーを楽しむ利用
3. 救済的な要素：スピリチュアルを求めての利用，エンパワーメ
   ントメディア（救済・再生）

　特に3つ目の「救済的な要素」は本節のテーマである自己表現メディ
アと親和性が高い。さらに加藤（2012）は，デジタルメディアが様々な
制約を解放することに役立ったとして，まず，ケータイによる3つの解
放を区別できるとしている。

1. 二世界の常時化・遍在化
2. 二世界の多重化・同時化
3. 二世界の相互補完・調整化

　ここで，二世界とは「対面空間とケータイ空間」「既存の縁と新しい
縁（の調整・継続や獲得）」「固定空間と移動空間」からなる複合的な二
世界のことを指す。さらに，ネットによる解放は以下にあげる項目の解
放の物語として捉えられるとしている。

　・距離・時間からの解放
　・障害者の社会参加可能
　・地域情報発信

・個人による情報発信可能（マスメディアを介在させない）
・身体的現前と外見からの解放
・制度的自己からの解放，匿名的状況の確保
・掲示板（一般的他者）による直接的他者からの解放

　詳しい事例をここで紹介するまでもなく，これらに関する様々な事例を思い浮かべることができるだろう。

　関連する領域として「思い出工学」を紹介したい（野島，2004）。すなわち「思い出」とは「個人の情報」であり，「個人に属し，個人が管理し，個人が楽しむ情報コンテンツ（および事物）」と定義されているが，同時に「思い出は，過去の情報に限らず，未来に向けた計画，情報，ものの管理を含む」とされている。つまり，「あなた自身にとって貴重な無二のデータセット」なのである。思い出のデータセットとしてネットが重要な機能を果たしている点も，自分を表現するデジタルメディアというものの側面を捉えているといえるだろう。

参考文献

円堂都司昭「悪しき統治を想像する——ディストピア小説の系譜をめぐって」，西田亮介・塚越健司（編著）『「統治」を創造する』（春秋社，2011 年）

岩村暢子『家族の勝手でしょ！写真 274 枚で見る食卓の喜劇』（新潮社，2012 年）

加藤晴明『自己メディアの社会学』（リベルタ出版，2012 年）

村越真『方向オンチの謎がわかる本　人はなぜ地図を回すのか？』（集英社，2003 年）

野島久雄「思い出工学」，野島久雄・原田悦子（編著）『〈家の中〉を認知科学する　変わる家族・モノ・学び・技術』（新曜社，2004 年）

リーブス B., ナス，C., 細馬宏通訳『人はなぜコンピューターを人間として扱うか——「メディアの等式」の心理学』（翔泳社，2001 年）

田中浩也『FabLife ——デジタルファブリケーションから生まれる「つくりかたの未来」』（オライリー・ジャパン，2012 年）

学習課題

1. デジタル機器を 1 つ選び，買い換えた歴史も含めて，その機器の利用方法を振り返ってみよう。例えば，音楽プレイヤーならば今までにどのような機器を利用してきたか。また，それらの機器をどのような場所に置き，どのように利用してきたかなどを振り返ってみよう。

4 | モバイルメディア

青木久美子

《**目標＆ポイント**》 現代の日常生活で最も身近にあるデジタルメディアはスマートフォン等のモバイル機器であるといっても過言ではないであろう。ネット接続の大半が有線から無線となっているこの頃では，モバイルメディアが我々の日常生活に深く入り込んでいるといえる。本章では，モバイルメディアの技術的変遷を紹介しながら，プライバシーの問題やスマホ依存等，モバイルメディアが社会や日常生活に与える影響を考察する。

《**キーワード**》 SIM カード，改正電気通信事業法，第 5 世代モバイル通信システム（5G），モノのインターネット（IoT），仮想現実（VR），拡張現実（AR），無線 LAN，Wi-Fi，ブルートゥース（Bluetooth），NFC（近距離無線通信），クラウドコンピューティング，クラウドサービス，パブリッククラウド，プライベートクラウド，アプリ，モバイルコマース，ウェアラブルコンピュータ，インプランタブル，ブレインチップ，ライフログ，パーソナルデータ，グローバル・ポジショニング・システム（GPS），プライバシーポリシー，アドテク，データブローカー，シャドープロファイル，スマホ依存，スマホ老眼，歩きスマホ，デジタル認知症，マルチタスク，ファビング

1. モバイルとは

　モバイルとは英語の mobile のカタカナ語であり，「持ち運び自由」という意味で，携帯電話，スマートフォン（スマホ）やタブレット端末等，簡単に持ち運びができる端末を指す。一般に，そういったモバイル端末は，単体で使用するのみならず何らかの形でネットワークに接続して使用することで，本来の機能を十分に発揮することができる。そうい

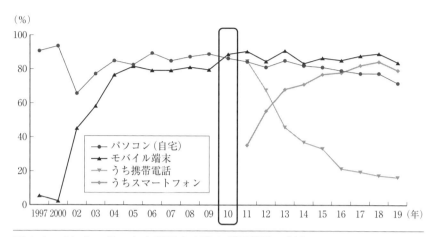

図 4-1　インターネットを利用する際の利用機器の割合
※モバイル端末とは，携帯電話，PHS 及びスマートフォンを指す。
（出典：総務省「令和 2 年版情報通信白書」を基に作成）

う意味で，モバイルメディアはモバイル端末とそれを繋ぐネットワーク
インフラ，そして様々な情報を提供するサービスやコンテンツから成り
立つ。

　インターネットの黎明期にはパソコンからの接続が主流であったが，
総務省の「令和 2 年版情報通信白書」（https://www.soumu.go.jp/joho
tsusintokei/whitepaper/r02.html）によると，国内で 1997 年に携帯電
話向けネット接続サービスが提供されて以降，ネットへの接続にモバイ
ル端末を利用する者の割合は急速に伸長し，2010 年には，初めてモバ
イル端末からのネット利用者数がパソコンからの接続者数を超えた（図
4-1 参照）。

　ネット利用の 1 日の平均時間を見ても，パソコンからのネットアクセ
スが 34 分であるのに対し，携帯電話やスマホといったモバイル端末か

らのネットアクセスは約 73 分であり，パソコンからのネットアクセス
の 2 倍以上となっている（総務省，2020）。

2. モバイルのインフラ

　モバイルメディアのインフラである移動通信システムは，従来，各携
帯電話会社（正式には，移動体通信事業者）によって整備されてきてお
り，第 1 世代といわれる 1979 年に開始したサービスはアナログの音声
通話のためのものであった。1993 年に始まった第 2 世代のサービスは
デジタル方式によるもので，1999 年には携帯電話向けネット接続サー
ビスも提供されるようになった。2000 年頃から始まった第 3 世代にな
ると，携帯電話端末の多機能化が進展し，携帯電話端末にカメラや音楽
再生チップなどが搭載されるようになり，多様なコンテンツを楽しむこ
とができるモバイル端末となっていった。2010 年頃から始まった第 4
世代のサービスでは，フィーチャーフォンからスマホへの移行が始ま
り，第 3 世代までは，音声通信とデータ通信で別のネットワークが併存
していたのが，モバイルネットワーク全体が IP 化され，通信速度がさ
らに高速化した。

　日本においては，携帯電話で使われている加入者を特定するための
ID 番号が記録された IC カードである **SIM**（Subscriber Identity Mod-
ule）**カード**はロックがかかっていることが一般的であり，スマホを含
む携帯電話端末の購入は携帯電話事業者との契約と一体的に行われてい
た。2015 年 5 月に総務省が，SIM ロック解除を求めるガイドラインを
発表し，2015 年以降に発売されたスマホであれば，基本的には任意で
SIM ロックを解除することが可能になっている。また，従来の端末本
体とは別に IC カードとして存在していた SIM が，スマホやタブレット
端末といったモバイル端末に内蔵され本体一体型となった eSIM（em-

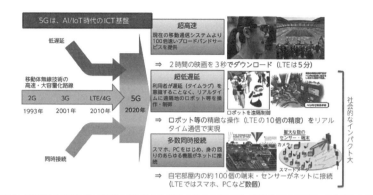

図 4-2 IoT 時代の ICT 基盤である 5 G
(出典：総務省「令和 2 年版情報通信白書」)

bedded SIM）が 2017 年に登場してからは，より携帯電話事業者に制限
されずに端末が購入できるようになり，日本の携帯電話会社の垂直統合
されたビジネスモデルが崩されてきつつあるといえる。

　2019 年 5 月には，携帯大手各社に通信料金と端末代金の分離を義務
づけることなどを盛り込んだ**改正電気通信事業法**が成立し，また，2020
年 9 月 16 日に発足した菅内閣は，携帯電話料金の引き下げの実現を公
言していることから，今後さらに日本の携帯電話会社の垂直統合は崩さ
れていくことが予想される。

　2020 年 3 月から商用開始された**第五世代モバイル通信システム（5
G）**は，超高速通信，超低遅延通信，多数同時接続を特徴とし，これま
で人と人がコミュニケーションを図るツールとしての移動通信システム
が，身の回りのあらゆるモノが繋がる**モノのインターネット（Internet
of Things, IoT）**の基盤となることが期待されている（図 4-2 参照）。

　5 G の普及が進むと，ユーザが高画質・高速の動画・音楽・ゲームを
楽しめるようになるのみならず，遠隔リアルタイムモニタリングや遠隔

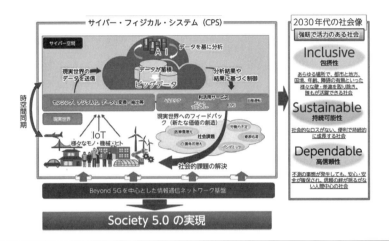

図 4-3　Society 5.0 の実現
(出典：総務省「令和 2 年版情報通信白書」)

操作，VR（virtual reality，仮想現実）や AR（augmented reality，拡張現実）等で様々な産業分野での活用が考えられる。内閣府が掲げている Society 5.0 戦略においては，「5 G の生活への浸透とともに，AI・IoT の社会実装が進むことによって，サイバー空間とフィジカル空間が一体化するサイバー・フィジカル・システム（CPS）が実現し，データを最大限活用したデータ主導型の『超スマート社会』に移行していくこととなる」としている（図 4-3 参照）。

　移動通信システム網の他にも，**無線 LAN**，または **Wi-Fi（ワイファイ）**と呼ばれるケーブルによる接続を必要としないネット接続方法がある。4 G やそれ以前の通信網は垂直統合型に開発されてきたものであるが，無線 LAN はオープンな国際規格に基づく水平分離型のものであり，携帯会社と契約しなくとも使えるものが多い。無線 LAN を介して接続するには，パソコンやタブレット端末といった接続する機器が無線

LAN 対応のものでなければならず，また，アクセスポイント（または，ルーターともいう）が物理的に送受信可能範囲に存在すること，そして，アクセスポイントを使う権限（ユーザ制限がかかっている場合は，ユーザ ID やパスワード）がなければならない。

　自宅で無線 LAN を使用する場合は，プロバイダーからきているネット回線に Wi-Fi ルーターを設置する必要がある。Wi-Fi は，電子レンジや，後に説明する Bluetooth（ブルートゥース）と同じ周波数帯の電波を使用するため，Wi-Fi ルーターがこれらの近くにあると通信が途切れたり速度が落ちたりするため注意が必要である。「Wi-Fi 6」という最新規格に対応するルーターであるとさらに高速通信が可能となる。

　情報通信基盤の範疇には入らないかもしれないが，**ブルートゥース（Bluetooth）**の進化と普及も，モバイル端末，そして，後に説明するウェアラブル端末の普及を促進している要因となっているともいえよう。Bluetooth とは，数メートルから数十メートルの近距離無線通信規格の 1 つであり，電波を使い簡易な情報のやり取りをするのに使われている。初期の頃のものに比べると高速化・省電力化が進んでおり，ワイヤレスのマウス，キーボード，ヘッドセット，イヤフォン，スピーカー，プリンター等の周辺機器をパソコンやモバイル端末に接続する時に使われる。2001 年のバージョン 1.1 から，2020 年時点で最新のバージョン 5.2 まで進化し，パソコンの周辺機器のみならず，後で説明するウェアラブル端末や IoT 機器などの短時間の通信にも向くように改善されている。

　Bluetooth は数メートルから数十メートルの距離で使えるが，10 センチほどの近距離で使用する **NFC**（near field communication，**近距離無線通信**）というものもある。NFC により，スマホ間の直接的なデータ転送を行うことができるし，かざすだけでスマホにより決済ができるよ

うになっている。また，Bluetooth で機器を接続する際の認証（ペアリングという）に NFC が使われていることも多い。

　モバイルコミュニケーションの普及には，こういった無線の通信網の整備のみならず，**クラウドコンピューティングやクラウドサービス**の発展も大きく寄与している。「クラウド（cloud）」という言葉は，2006 年に当時 Google 社の CEO であったエリック・シュミット（Eric Schmidt）が初めて言ったといわれている。その後，ネットワーク上のどこかのサーバーにファイルを補完したり，インストールされているソフトウェアを活用することで，自分の端末で管理する手間を省いたり，端末の容量を節約できたりすると同時に，違った端末でアクセスしたり，人と共有したりコラボレーションを行ったりすることが容易になった。

　クラウドストレージを活用することによって，パソコンだけでは保管できないファイルを保管しておいたり，パソコンやスマホのバックアップを作成したり，大きなファイルを他者と共有したり，違った端末から同じファイルやデータにアクセスしたりすることができる。一般に使われているものは，**パブリッククラウド**と呼ばれるもので，主に企業が占有してカスタマイズされているものを**プライベートクラウド**という。パブリッククラウドは無料のものがほとんどであるが，一定の容量を超えた使用や，特別なサービスを享受するには有料となる。

3. モバイルアプリ

　モバイル端末では，アプリケーション，すなわち，アプリといわれるコンピュータプログラムなしでは，その有用性は無に等しい。パソコンにおいては，Windows や Mac といった OS（オペレーティングシステム）が必要であるように，モバイル端末においては，Google の Android や Apple の iOS といった OS が搭載されていて，OS によってどのよう

なアプリが使えるのかが決まってくる。

　アプリ開発は誰でも行うことが可能であるが，ユーザのアプリの入手は，それが無料・有料にかかわらず，Android の OS のものは Google Play ストア，Apple の iOS（すなわち iPhone や iPad の場合）のものは App Store からダウンロードしなければいけない。Google の Play ストアで提供するアプリの審査は必要最低限の内容についてしか行われない一方，App Store で提供されているアプリは，Apple 社が厳しく審査していると一般にいわれている。その裏側には，Android 上にインストールされたアプリは，ユーザの通話やテキスト履歴の継続的な収集が比較的容易である設計であるが，iOS では端末内のデータの収集をより限定する設計になっているため，Android 上のアプリが収集できるほどのデータを収集することができないという事実がある。

　モバイルアプリのサービスの中には，もともとはモバイル端末が普及する以前にパソコン向けに開発され，後にモバイルでも普及するようになったものから，最初からモバイル端末を対象に開発されたサービスやアプリがある。

　モバイルアプリを使った買い物，すなわち，**モバイルコマース**（M-commerce）ももはや日常生活に浸透している。詳しくは第 7 章で取り上げるが，Amazon や楽天といった買い物サイトでの買い物がモバイルアプリを使って，モバイル端末から気軽にできるようになり，思い立った時に注文したり，店頭で見たものをモバイルアプリから購入したりする，ということも日常的になっている。

　機械学習を用いたモバイルアプリの開発も進んでおり，モバイルアプリがインテリジェント化することにより，Apple の Siri や Google アシスタントといった人工知能（AI）アシスタントのみならず，様々なアプリで機械学習が取り入れられ，ユーザの使用状況に合わせてバッテ

リーを長持ちさせたり，ユーザが次に何をするのかを予測して切り替え
をスムーズに行ったり，カメラに映ったものが何であるのかを音声で説
明してくれる AI アプリも出てきている。

4．ウェアラブルコンピュータ

　モバイルメディアの携帯性という意味では，ウェアラブルコンピュー
タ，すなわち，装着できるコンピュータがその究極的なものであろう。
ウェアラブルコンピュータはその装着形態に応じて，メガネ型，時計
型，リストバンド型等に分類することができる。2015 年には Apple 社
が Apple Watch の販売を開始して，スマートウォッチと呼ばれる時計
型ウェアラブルコンピュータの時代が到来したともいえる。以前，
Google Glass が販売され始めた時には，メガネ型のウェアラブルコン
ピュータが一般的になるのかと思われたが，Apple Watch によりウェ
アラブルは時計型という見方に変わってきたともいえる。また，時計型
のように表示画面を持たない安価なリストバンド型のウェアラブルコン
ピュータも主流になってきている。
　ウェアラブルコンピュータは，情報検索やコミュニケーションに使わ
れるだけでなく，装着している人の脈拍・血圧・心拍数・睡眠時間・歩
数等を測定し，健康管理をタイムリーに行うことができ，今後の医療的
活用も期待されるところである。通常のモバイル端末においては，意識
的に使用することを前提とするが，ウェアラブルコンピュータにおいて
は，意識的に使用することなく，他事に集中しながら，それを補助する
役割を果たしたり，意識することなく測定していることが多い。
　ウェアラブルコンピュータが，コンピュータを目立たない形で装着す
ることによって「使っている」意識なしに様々な用途で活用できる一
方，それを使って対象者に意識されることなく様々な記録が取れること

も利点であり，欠点でもある。これは次節のライフログやその後で触れるプライバシーの問題にも関連してくるが，簡単に，写真の撮影や動画の録画，および音声の録音ができてしまうことも，両刃の剣である。ウェアラブルコンピュータが使われる「場」によって，プライバシーの侵害になったり，セキュリティの問題が生じたりする可能性が大きくなるため，使用するためのリテラシーやポリシー等の確立が必要になってくる。

　ウェアラブルコンピュータの進化形とも考えられる**インプランタブル**というのも出てきている。インプランタブルとは，英語で implantable 埋め込み可能な，という意味で，身体に埋め込んで生理学データをリアルタイムに読み取ったりするコンピュータを指す。ペットに IC チップを埋め込む，ということはすでに国内においても行われていることであるし，アメリカの企業では，従業員の手や腕に IC チップを埋め込んで，オフィスの入退室管理や社内での少額決済に使うという事例も出てきている。

　ウェアラブルかインプランタブルかどちらのカテゴリーに入るのかは議論の余地があるが，スマートコンタクトレンズといった，コンピュータチップやセンサーを内蔵したコンタクトレンズがある。また，涙から健康チェックができたり，白内障手術後の視力回復や，AR 投影ができたりするものも実用化に近くなってきている。また，デジタルメディスンといった，センサーを埋め込んだ薬の錠剤ほどの小さなものを飲み込むことによって服薬の有無をチェックしたり，睡眠等の活動データを入手したり，といったことができるものもある。さらに小さいナノボット，または，ナノマシン，といわれる超小型コンピュータは，血管に注入して血管内を回遊させて健康状態を確認したり，がん細胞を探し出して処置をしたりする，といったものも研究開発されている。

　インプランタブルの究極的なものとして，**ブレインチップ**がある。人間の脳とコンピュータとの直接的なやり取りを研究する分野として BCI（brain computer interaction）があるが，米国マサチューセッツ工科大学（MIT）で開発されている AlterEgo というヘッドセットは，手や音声を使うことなく，思い浮かべるだけでコミュニケーションを図る，すなわち脳内発声を認識することを可能とする。また，電子自動車メーカーである Tesla 社の CEO として有名なイーロン・マスク（Elon Musk）が創立したニューラルリンク（Neuralink）社で開発しているプロダクトは脳の活動を活発化するものとして注目されている。

5. ライフログ

　スマホやタブレット端末といった高性能なモバイル機器をクラウドのコンテンツアクセスのためのビューアーとして，また，日常の行動の記録を取るツールとして活用することで，様々な可能性が広がっている。その1つに「ライフログ」がある。ライフログとは，人間の生活・行い・体験（Life）を，映像・音声・位置情報などのデジタルデータとして記録（Log）する技術，あるいは記録自体のことであり，高性能なモバイル端末を常時携帯することにより，自らが行ったこと・感じたこと・観察したこと等を文字・写真・動画といった形で随時入力して，生活，または人生のログ（記録データ）を生成していくことである。これには，ブログや SNS のつぶやきや投稿など，自ら意識的に入力するデータと，ウェアラブルカメラによる写真，位置情報による移動記録やログイン情報，またはスマートウォッチ等によるセンサーデータというような，デバイスにより自動的に記録されるデータがある。

　このようなライフログデータはクラウドに保管されるため，端末の種類や場所等にかかわらず，いつでもアクセスし追加・変更することがで

きる。また，いつでもどこでも記録できるのみならず，検索することもできる。すなわち，従来個人の記憶に頼らなければいけなかった事柄が，ライフログのデータとして残ることによって，後の振り返りや検索・分析を可能とするのである。

　クラウドサービスの発展とモバイル端末の普及により，様々な形で様々なデータが生成され，蓄積されていき，ビッグデータとなる。一個人のライフログは，データのサイズとしては大したものではないかもしれないが，これが数万人，数百万人，といった個人のデータの集まりとなれば，それはビッグデータとなる。また，一個人のライフログにしても，それがその人一生の記録となれば膨大な量のデータとなりえる。日常生活のデジタル化が進むにつれて，莫大な量のデータが日々生成され，蓄積されている。これらの莫大な量のデータを超高性能な技術で分析することにより，市場動向の予測，販売促進，金融，疾病の予防，犯罪の対策，等に役立てることができるようになるのであるし，特定の人間の行動を予測したり，究極的には，映画「マイノリティ・レポート」にあるように，犯罪を予知したりすることも可能となってくる。

　皆がモバイル端末やウェアラブル端末でライフログを取るようになると，そのビッグデータは人工知能の機械学習のために大変貴重なものとなり，企業の間でデータの奪い合いが起こる可能性も出てきている。

6．プライバシーの問題

　前節で述べたように，高性能のモバイル端末でクラウドのコンテンツにアクセスすることで，日常生活が大変便利になる可能性がある一方，個人の様々なデータ，すなわち，**パーソナルデータ**が収集され，クラウドに保管され，分析されることによって，それが様々な目的に使われるようになってきている。プライバシーとパーソナルデータについては，

第14章でさらに詳しく掘り下げるが，モバイルコミュニケーションとプライバシーの問題は密接に関係しているため，本章でも簡単に取り上げることとする。

　モバイル端末からモバイルアプリを介してクラウドにアクセスすることによって，SNSへの投稿，写真，連絡先，位置情報による行動範囲・行動内容等が逐次データとして蓄積される。もちろん，そのアプリの使用に必要な情報であれば仕方がないと思えるが，アプリの使用に直接的には必要であるとは思えない情報まで収集されていることも多い。会員登録等で自ら意識的に提供した個人情報のみならず，端末を使用することによって使用者が知らないところで膨大なパーソナルデータが蓄積されているのである。

　例えば，第6章で詳しく紹介する**グローバル・ポジショニング・システム**（Global Positioning System, GPS）が装備されたモバイル端末を持ち運ぶことにより，その人の位置情報が送信され，他者に知らされる可能性がある。位置情報を併用したメッセージ交換システムでは，自分の位置情報を配信することができたり，仲間の行動が把握できたりする半面，意図しない人にまでパーソナルデータが漏えいする可能性をも秘めている。また，モバイル端末で使用するアプリをダウンロードすることによって，ユーザが知らないところで，位置情報，連絡先，投稿メッセージ，写真といった様々なパーソナルデータがアプリの提供会社に流出する可能性をも秘めている。モバイルアプリをダウンロードして使用する時に**プライバシーポリシー**等に同意することが前提となっているが，これらの規約を全部読み理解した上で同意しているユーザはほとんどいないといえる。

　アメリカのほとんどの州では，州のオンライン・プライバシー保護条例に基づいて，主要モバイル機器の販売会社に対してプライバシーポリ

シーの明示を義務づけており，スマホやタブレット端末等のアプリをダ
ウンロードする前に，パーソナルデータがどのように収集され，使用さ
れ，共有されるのかを明記したプライバシーポリシーが確認できるよう
にしている。日本においても 2003 年に策定された，「個人情報の保護に
関する法律」（個人情報保護法）に基づいて，携帯電話会社はプライバ
シーポリシーを打ち出している。2020 年のコロナ禍においては，膨大
な数のスマホから収集された位置情報ビッグデータにより，人混みの状
況や人の動きの分析が行われ報道番組等で報じられていた。

　地図アプリやナビアプリ等といったモバイルアプリやウェブサービス
の機能をユーザが利用するために，自らの位置情報データを提供すると
いった利用の仕方はユーザが認識しているもので分かりやすいが，ユー
ザ以外の事業者が，宣伝や広告などを目的として位置情報を基に情報を
配信するケースは，ユーザが意識しないところで端末の位置情報データ
が使われている場合が多い。また，渋滞状況や人流分析など，ユーザの
端末に紐づく個別のデータではなく統計データとして使用される場合も
ある。

　モバイル端末からの位置情報データを取り扱う事業者らによって
2019 年 10 月に発足された一般社団法人 LBMA Japan という事業者団
体は，「位置情報等の『デバイスロケーションデータ』利活用に関する
ガイドライン」と称して，位置情報データの利活用に関するガイドライ
ンを策定している。そのガイドラインでは，事業者が，ユーザの位置情
報データを他の個人情報と紐づけて個人の特定に繋がるような行為を防
ぐシステム設計や契約内容を心掛けるように規定している。また，ユー
ザの「同意疲れ」を危惧して，位置情報データの使用の目的を明記して
理解してもらうことを呼びかけている。ガイドライン自体は，LBMA
Japan の会員にならないと閲覧することはできないようになっている

が，位置情報データが不当に使われているのではないか，という一般
ユーザの懸念を払拭するためにガイドラインに関するイラスト解説を
ウェブ上で公開している（https://www.lbmajapan.com/guideline）。

　検索エンジンを使って探したものや，あるサイトで購入したものに関
連したものが，他のサイトや SNS において広告されている，といった
ことは今や当たり前のことになってきている。「アドテクノロジー，ア
ドテク（Ad Technology）」と呼ばれるこういったオンライン上の関連
広告提示は，トラッカー（Cookie による行動履歴追跡）といった機能
や，特に欧米においてはデータブローカーと呼ばれる巨大なサービスベ
ンダーによることが多い。情報が蔓延していて，人々のアテンションを
得ることが難しくなっているオンライン上では，ユーザが興味を持たな
い広告はノイズでしかなく，広告主にとってはできるだけ個々のユーザ
が興味を持ってくれる広告を適時提示していく必要性がますます高く
なっている。このような中で，データブローカーは，我々消費者のプロ
フィールや嗜好などのパーソナルデータを様々な手段で大量に収集し，
民間企業や公的機関に販売することによって，広告主が潜在顧客に効果
的にターゲティングできるようにするのである。また，Facebook や
Google といったプラットフォーム会社は，アカウントを持たないユー
ザについてもデータを集め「シャドープロファイル」というものを蓄積
している。

　様々なサービスが無料で使用できるネットや便利なデジタル端末は，
無料さや便利さを自分たちのデータと交換に享受していることを我々は
忘れてはならない。日常生活で，我々は便利で無料でモバイルなサービ
スの恩恵を受けていることは否めない。しかしながら，その対価として
何を提供しているのかを認識しなければ，予想もしなかった落とし穴に
陥る可能性もあるのである。

　プライバシーの問題は位置情報データやデータブローカー等によるものに限らない。ユーザ同士によって，意図的であるなしにかかわらず，様々な他人の情報が当該本人の同意なしに公開されてしまうことも日常茶飯事になっている。SNS にアップしたグループ写真や，様々な人物が入っている写真などが，日々精度を増している顔認証システムによって個人が特定され，意図しないパーソナルな情報が意図しない他者に公開されてしまうケースも少なくない。プライバシーの問題については，テクノロジーの進化とともに常に対峙していかなければならないものであろう。

7．スマホ依存

　スマホが普及し，それが日常生活に浸透するに従って，スマホによるテキストや画像・写真を含むメッセージが主要なコミュニケーションの手段になり，人々は四六時中スマホのスクリーンにくぎづけになってきている。また，スマホ上で遊べるゲームや視聴できる動画コンテンツの数が急速に増えている。内閣府が 2018 年度に発表した調査報告書によると，子供のネット利用率は 9 歳でほぼ 8 割弱になっており，10 歳未満の子供の約 6 割がスマホを利用している。子供のネット利用内容としては，「動画視聴」が 8 割半，ゲームが 6 割ほどである。また，勉強・学習・知育アプリやサービスなどが 3 割を占めていることから，子供のネット利用は娯楽ばかりではなくなっているところが見受けられる。利用時間を見てみると，1 日の利用平均時間が一番長いのがネット接続テレビの 50.9 分であるが，その次がタブレット端末の 49.2 分，契約期間が切れたスマホの 44.7 分であるところが興味深い。また，携帯ゲーム機（42.4 分）と据置型ゲーム機（41.0 分）といったゲーム機の利用も長い。こういった子供のネット利用に関する保護者の取り組みとして，

9割近くの保護者が利用する時間を制限しており，また，5割近くの保護者が利用する場所を限定している，と回答している。6割近くの保護者が子供の年齢に合ったレベルのフィルタリングを利用しており，5割がその設定をカスタマイズしている。

　スマホの長時間利用により，睡眠障害，腱鞘炎，肩こり，眼精疲労，ストレス，うつ病，引きこもり，運動不足，体調不良，成績低下，等の症状を引き起こす場合もありうる。「**スマホ老眼**」といわれる，スマホを長時間使用し続けることで，あたかも老眼のように，目のピントが合わなくなってしまう子供たちも急増しているし，大人は一層治りにくいため厄介である。

　スマホの長時間利用による本人の健康被害のみならず，スマホのスクリーンを見ながら歩いていて人に衝突したり，駅のホームから転落したりするといった事故も増えている。周囲の状態を全く無視して，スマホの画面に見入って「**歩きスマホ**」や「**ながらスマホ**」をしている人をよく見かける。画面に見入っている人にとっては，画面の中の世界がその人の「現実」なのかもしれない。これが重度になってくると，いわゆるスマホ依存やスマホ中毒に陥ることとなる。「ネトゲ廃人」といわれる重症者や86時間寝ずにオンラインゲームをし続けたためにエコノミークラス症候群になり死亡した事件も起きた。

　スマホ依存は上記にあげたような身体的・精神的弊害をもたらすのみならず，脳の働きにも中毒症のような影響を与えるとする研究結果も出ている（Horvath, et el. 2020）。スマホによるテキストコミュニケーションは，短く簡略なものが多く，そういったメッセージに慣れ親しんだ者たちは，電子メールなどでコミュニケーションを図る際の作文に戸惑う傾向があるし，文章を深く読み込むということがあまりないため，読解力も低くなっているともいわれている。また，検索すれば知りたい情報

が得られるため，情報を記憶する必要性が低くなり，「**デジタル認知症**」といわれる認知機能の低下を引き起こすとも考えられている。カナダのオンタリオ大学が660人を対象に，計算，語彙力，論理的思考など様々なテストを行った研究では，スマホの利用時間が短い人の方が認知能力や分析的な考え方のスコアが高い，という結果が出ている。

　スマホは，歩きながら，会議中，テレビを見ながら，パソコンを使いながら，食事をしながら等，他事をしながら使用することが多いため，**マルチタスク**のデバイスであるともいわれている。マルチタスクとは，一度に複数の作業を同時進行で行うことであるが，実際には，人の認知機能は複数のものに同時に同じ度合いの注意を払うことはほぼ不可能であり，注意を小刻みに違うものに移すことになる。例えば，会議に出席して，発言している人の話を聞きながらスマホでテキストメッセージを読んでいる場合，メッセージの内容が複雑であればあるほど，発言している人の話を聞かずにメッセージの内容の方に注意を払わなければいけなくなる。スマホ依存の人は，スマホのメッセージの方に全注意を向けがちであるので，実際の場で起きていることに対する注意が散漫となってしまうことが多い。

　スマホが始終気になって仕方がないために，対面のインタラクションがうわの空となって会話の密度が薄くなってしまうことを表す「**ファビング（phubbing）**」という言葉まで出てきている。Phubbing とは，「電話」を意味する phone と「冷たくあしらう」を意味する snubbing を合成して作られた造語で，2012年3月にオーストラリア英語を監修するマッコーリー辞書（Macquarie Dictionary）が最初に提唱した用語である。SNS のメッセージを常に気にしていないと「仲間外れ」や「乗り遅れ」等の不安感が高まってしまうために対面の相手よりも注意を向け，それが癖になってしまい，現実の人間関係を疎かにしてしまうこと

に対する警告の言葉ではある。しかしながら，若い世代を中心にファビングが日常茶飯事のことになり，ファビングの行為自体が無意識のうちに行われていることも指摘されている（Varden Abeele, et el. 2019）。

　このようにスマホ依存は，本人の身体・精神に与える弊害のみならず，その周りの人間関係にも影響を及ぼすことになる。また，せっかくの場を十分に経験することなく，スマホのスクリーンだけに注意を注ぐのは，ある意味で人生の楽しみをみすみす逃していることにもなりかねない。依存症というのは，特殊な状態を指す言葉ではあるが，それに大多数が該当するのであれば，それは社会問題である。

参考文献

Vanden Abeele, M.M.P., Hendrickson, A.T., Pollmann, M.M.H., & Ling, R. (2019). Phubbing behavior in conversations and its relation to perceived conversation intimacy and distraction：An exploratory observation study, *Computers in Human Behavior, 100*, 35-47. ISSN 0747-5632, https://doi.org/10.1016/j.chb.2019.06.004

Horvath, J., Mundinger, C., Schmitgen, M.M., Wolf, N.D., Sambataro, F., Hirjak, D., Kubera, K.M., Koenig, J. & Christian Wolf, R. (2020). Structural and functional correlates of smartphone addiction, *Addictive Behaviors, 105*, ISSN 0306-4603, https://doi.org/10.1016/j.addbeh.2020.106334

総務省（2020 年）「令和 2 年版情報通信白書」https://www.soumu.go.jp/johotsusin tokei/whitepaper/r02/pdf/index.html（確認日 2021.10.26）

総務省（2020 年）「Beyond 5G 推進戦略」https://www.soumu.go.jp/main_content /000696613.pdf（確認日 2021.10.26）

内閣府（2018 年）「平成 30 年度青少年のインターネット利用環境実態調査報告書」https://www8.cao.go.jp/youth/youth-harm/chousa/h30/jittai-html/index.html（確認日 2021.10.26）

学習課題
1. 自分のモバイル端末所持の歴史を振り返ってみよう。
2. 5Gが現在どのエリアで使用可能か調べてみよう。
3. 日常使用しているモバイルアプリのプライバシーポリシーについて確認してみよう。
4. ウェアラブルコンピュータの活用例を詳しく調べてみよう。

5 | ソーシャルメディア

青木久美子

《**目標＆ポイント**》 本章では，デジタルメディアともはや同義語になりつつあるソーシャルメディアの歴史的背景について紹介し，ソーシャルメディアを考える際の理論的背景について説明する。また，ソーシャルメディアのビジネスモデルとそのビジネスに使われている技術と法的背景について紹介する。最後に，ソーシャルメディアの心理的・社会的課題について考察する。
《**キーワード**》 電子掲示板（BBS），Usenet，ニュースグループ，インターネット・フォーラム，オープンダイアリー，ソーシャルネットワーキングサービス（SNS），ブログ（blog），弱い紐帯の強さ，ユーザプロフィール，ターゲティング広告，トラッキングクッキー，監視資本主義，アテンションエコノミー，プロバイダー責任制限法，発信者情報開示請求，インフォデミック，情報操作，ミーム，トロール，荒らし

1. ソーシャルメディアの歴史的背景

インターネットやウェブがどちらかというと一方向的な情報伝達手段であった時代は終わり，誰もが発信でき，人と人との繋がりにより様々な形態の情報が拡散していく基盤となっているソーシャルメディアは，今やデジタルメディアと同義語になっているともいえなくない。

ソーシャルメディア以前のネット上のソーシャルな機能としては，いわゆる**電子掲示板**（Bulletin Board System, BBS）があった。電子掲示板においては，ユーザがメッセージやデータ，ソフトウェア等を交換することが頻繁に行われていたのみならず，他者を相手にゲームを行ったり，また，リアルタイムでチャットを行ったりすることも可能であっ

た。

　初期の電子掲示板は，ネット上のものではなく，パソコン通信で趣味として個人が管理するものが多かったが，1979 年にアメリカのデューク大学の当時大学院生であったトム・トラスコット（Tom Truscott）とジム・エリス（Jim Ellis）が発案し翌年に構築した **Usenet** は，ネット上に存在するものであった。ユーザがあらかじめ設定されたトピック（**ニュースグループ**と呼ぶ）にメッセージを投稿し，読むことができる，というシステムであり，前述した電子掲示板（BBS）に機能的には類似しており，また，後の**インターネット・フォーラム**の先駆けとなったものでもある。投稿されたメッセージはサーバーに時系列で保管されるものであるが，BBS やフォーラムに見られるように，ディスカッションはトピック別に分けられている（threaded という）。Usenet と BBS やフォーラムとの違いは技術的なもので，BBS やフォーラムには投稿されたメッセージが 1 つのサーバーに保管される，という形を取っているが，Usenet にはそういった管理サーバーは存在せず，分散されたコンピュータ間で UUCP といったプロトコールを介して，ニュースフィードがアップデートされる仕組みとなっていた。ウェブが登場した 1990 年代前代には，Usenet の人気は衰え，2000 年代初頭には，ほとんど消滅に近い形となったが，Usenet はアメリカの大学関係者や研究者を中心に広がり，後のインターネット・フォーラムの前身となった。

　一方で，1998 年 10 月にブルース・アベルソン（Bruce Abelson）とスーザン・アベルソン（Susan Abelson）が始めた**オープンダイアリー**（**Open Diary**）は，今日の**ソーシャルネットワーキングサービス**（**social networking services, SNS**）の前身であると考えられよう。オープンダイアリーは，日記をオンラインで公開している人のコミュニティサイトで，後の SNS やブログで重要となった読者のコメントや友達のみ

公開等の機能を備えていた。

　この頃,「ウェブログ（Weblog）」という言葉も使われ始め,その1年後,あるユーザが Weblog を「We blog」といったことから,ウェブログではなく,**ブログ（blog）**といわれるようになった。2003 年頃から,日本においても複数のインターネット企業（ISP）が無料ブログサイトを提供するようになり,ブログのユーザ数が急激に増えていった。アメリカでは,2003 年に MySpace,2004 年に Facebook といった SNS を代表するサービスが始まり,**ソーシャルメディア**ともいわれるようになって今日に至っている。

　ソーシャルメディアの代表例としては,Facebook,Twitter,LINE,Instagram といったサービスがあげられる。LINE 以外はどれもアメリカで始まり,それが世界中に普及していったものである。近年,10 代の若者の Facebook 離れが進んでいる一方,Facebook の子会社となった写真の投稿を主として繋がる Instagram が人気となっている。

2. ソーシャルネットワーキングサービス（SNS）

　Facebook は,2004 年 2 月に創設者であるマーク・ザッカーバーグ（Mark Zuckerberg）が米国ハーバード大学の学生であった頃,ルームメートである友人とともに,大学内の学生の人気度を投票するために作成したサイトがその発祥である。もともとは,@harvard.edu のメールアドレスにしか公開されていなかったが,2006 年 9 月に一般公開される以前に,すでに大学・学校を中心に広がっていた。Facebook 以前にも SNS らしきものが存在したが,Facebook の実名性を重んじるところと,そのシンプルさから,世界中にユーザが拡大し,2018 年には,世界で 20 億人を超えるユーザ数となった。

　SNS とソーシャルメディアは区別されることなく使われることが多

い用語ではあるが，一般的にはソーシャルメディアという大きなくくり
の中の1つのサービスとして SNS があると考えられている。SNS の特
徴としては，（1）プロフィールを公開することができること，（2）他
者との繋がりを可視化できること，（3）システム内で繋がっている他
者とコミュニケーションが図れること，がある。

　Facebook や Twitter といった SNS は，もともとは独立したサービス
であったが，次第にサービス間でアカウントや繋がりを共有できるよう
になり，これら全てが織りなすメディアのエコシステムがソーシャルメ
ディアであるといえる。しかしながら，その繋がりの広がり方は，
Facebook の友達や Twitter のフォロワーとでは微妙に異なっている
し，それぞれのサイトのデザインの特徴も違っている。また，その特徴
も逐次変化しており，恒久的であるとはいえない。

　SNS 上の繋がりも，地理的要素（居住地や出身地）によるものから，
興味関心によるもの，さらには，所属によるもの，親族・友人関係，と
多岐にわたるものまで，もともとは個人が繋がりを維持したり拡張した
りするための目的で使われていた。それが，有名人や芸能人がファンな
どに直接的にコミュニケーションを図るツールとしても使われるように
なり，また，政治家がその支持者や市民に語りかけるツールとしても使
われるようになった。また，会社や学校・大学，団体といったような組
織が，広報のために SNS を使うようにもなってきたし，Amazon や
Tripadvisor といった電子商取引のサイトも，ユーザがコメントを残し
たり評価をしたりすることができるようになってきており SNS 化して
きているといえる。

　SNS が，様々な形でデジタルな繋がりを形成し維持することを可能
にしていることは確かであり，これは SNS 以前の他のコミュニケー
ションツールにはなかった特徴であるといえよう。しかしながら，実際

88

に1人の人間が意識的に維持できる繋がりというものは数が限られている。より多くの人と密に繋がろうとすればするほど，情報量が増え，それを処理する認知負荷や心理的負荷も高まる。少人数の人と深く密に繋がることを好む場合や，大勢の人と表面的に繋がることを好む場合もある。おそらく多くの人が，多かれ少なかれ，深い繋がりと浅い繋がりの両方のバランスを図りながら日常生活を送っていることであろうが，SNS はどちらかというと広く浅い繋がりの拡散に寄与しているものと思われる。

　マーク・グラノヴェター（Mark Granovetter）は，新規性の高い価値ある情報は，自分の家族や親友，職場の仲間といった社会的繋がりが強い人々（強い紐帯）よりも，知り合いの知り合い，ちょっとした知り合いなど社会的繋がりが弱い人々（弱い紐帯）からもたらされる可能性が高いといって，「**弱い紐帯の強さ（The Strength of Weak Ties）**」と唱えており，この理論が SNS の存在意義を説明することによく使われている。強い繋がりを維持するには労力を要するが，弱い繋がりを維持するのには比較的労力を要しないので，多数の弱い繋がりを形成・維持することが可能である。

　SNS 上の繋がりは，繋がりの数，繋がりの相互性，繋がりの感情，繋がりの強さ，で説明できる。繋がりの数とは，Facebook における友達の数や Twitter におけるフォロワーの数，繋がりの相互性とは，情報量がどれだけ双方向的に交わされているか，繋がりの感情とは，「いいね！」や「ひどいね」といったような感情を示すもの，繋がりの強さとは双方向で交わされるコミュニケーション量，で表される。

　様々な情報が SNS 上で拡散されるが，ユーザのプロフィールを拡散されるコンテンツの1つと考えて，それに注目して，プロフィールの中身をコンテンツの種類・デジタル活動足跡・他者による情報追加，の3

つの種類に分けた研究がある。（Ellison and boyd, 2013）プロフィール
のコンテンツの種類とは，文字，写真，音声，動画，リンク，タグ，と
いった種類を指し，どのような種類のコンテンツがあるかによってプロ
フィールの拡散の仕方が違ってくるという。例えば，文字情報の多いプ
ロフィールであれば，キーワード検索によって検索され，拡散する可能
性が高くなるし，写真や動画の多いコンテンツでは，ユーザのソーシャ
ルプレゼンスが高まる。リンクを多く含むコンテンツでは，他のコンテ
ンツとの連携がしやすくなるし，また，リンク情報だけを掲載すればよ
いので，SNS サーバーの負荷も少なくなる。

　デジタル活動の足跡とは，ユーザがどのような活動をその SNS 上で
行ったかが履歴として残り，それを他のユーザに公開できる仕組みであ
る。「近況報告」や他のユーザの投稿へのコメント・閲覧・「いいね！」
などのボタンのクリックなどが，活動として記録される。こういった活
動が共有されることで，特定の情報が拡散しやすくなるし，特定の情報
を意識的に共有したり，共有しなかったりするようになる。また，ユー
ザのプロフィールにコメントしたり，推奨したり，他の投稿にタグづけ
をしたりなどして，他者によりユーザプロフィールに追加される情報も
ある。

　SNS 上のユーザプロフィールの性格も様々である。ユーザプロ
フィールに実名を使うか匿名を使うか，または，SNS に参加するため
に認証が必要になるか否かで SNS 上で共有する情報内容に違いが出て
くる。例えば，LinkedIn というような就職や転職活動に活用されてい
る SNS においては匿名を使う意味をあまりなさない一方，内部告発等
を行うような場合は匿名の SNS の方が都合がよい。また，交際相手を
探すような SNS においては，どれだけ現実に即したプロフィールにす
るかは，ユーザによって異なってくるであろう。SNS のユーザプロ

フィールがどれだけユーザの実社会でのアイデンティティに合致しているかは，SNS を活用する目的によって異なってくるのである。ユーザプロフィールが偽名で作られており，ユーザの実社会のアイデンティティとはかけ離れていても，SNS 上では統一したアイデンティティを確立する場合もある。また，ユーザが，一個人ではなく，グループや組織である場合もあるし，ユーザが実社会にはすでに存在しない場合もある。

SNS のユーザプロフィールに関連して，第 4 章で触れたプライバシーの問題もある。ユーザプロフィールに様々なコンテンツがあり，それが公開されていると他のユーザから見た SNS の価値は高まる一方，ユーザプロフィールのプライバシーがなくなると，ユーザが共有しようと思うコンテンツが偏ってくる可能性が高くなる。プライバシーの保護の仕方が SNS 全体の価値に与える影響は多岐にわたると考えられる。プライバシー保護が高い SNS では，よりパーソナルなコンテンツを共有するであろうし，プライバシー保護が低い SNS では，公的に受け入れられやすいコンテンツのみを公開する傾向にあるであろう。

このように SNS のユーザプロフィール 1 つを取ってみても，その設計によってどのようなコンテンツが共有されるようになるのかといったその SNS の特徴が形作られるといっても過言ではなく，SNS のプラットフォームのデザインがコミュニケーションの仕方に影響を与えていることがうかがえる。

3. ソーシャルメディアのビジネスモデル

ソーシャルメディアのプラットフォームのデザインは，そのビジネスモデルに深く関わっている。ユーザがほぼ無料で活用できるソーシャルメディアはその収入源のほとんどが広告料であることは周知のことであ

ろう。マスメディアのように，媒体を視聴する人，閲覧する人全てに対して一律に広告を提示するのではなく，個人の嗜好や関心，信条，人間関係，癖，消費パターン，生活パターン，位置情報等に基づいてセグメント化されたターゲティング広告がソーシャルメディアのプラットフォーム上では行われている。それには，プラットフォーム上で収集したデータや**トラッキングクッキー**を活用した様々な個人データの収集が必須である。

　ハーバード大学教授であるソシャナ・ズボフ（Shoshana Zuboff）の著書『The Age of Surveillance Capitalism』で，Google 社や Facebook 社といった IT 企業が，無料でサービスを提供することによって，ユーザの行動を常に監視する「監視資本主義（surveillance capitalism）」を一般化し，「コミュニティ」や「いつでもどこでもアクセスできる情報」といった耳障りのよい言葉でそれを普及させていったことを様々なエビデンスを交えて論じている。監視資本主義の社会では，サービスを提供する企業は，できるだけ多くのユーザから，できるだけ多くの情報を集めることが，企業の利益に直結するのである。2013 年のスノーデン事件と呼ばれるエドワード・スノーデン（Edward Snowden）が暴露した米国国家安全保障局によるソーシャルメディア上の情報収集と監視は全世界に衝撃を与えたが，中華人民共和国政府は，大々的にソーシャルメディア上の国民の行動を監視して，社会信用制度なるものを構築している。それは，中国を本拠地とするアリババ社やテンセント社に限らず，中国で活動するネット企業全てが，全てのデータを中国政府が必要とすれば提供することを前提に営業が許可されている。ソーシャルメディアの黎明期は，それが，誰でもが発信できる民主的なコミュニケーションツールであると考えられていたが，その幻想はソーシャルメディアのビジネスモデルがそういったユーザの行動全てを餌にしてターゲティング

広告を売るという個人データ監視モデルであることに気がついたところで打ち砕かれた。

　ユーザは，ソーシャルメディア上のアカウント作成時，ユーザの様々な情報が収集されていることが明記されているプライバシーポリシーに同意することが前提となってはいるが，「同意する」のボタンをクリックしないとアカウントを作成してソーシャルメディアのサービスを享受できないため，同意しないことは選択肢にはないといえる。また，第4章でも述べたように，長い「プライバシーポリシー」を全て読んで理解した上で「同意する」のボタンをクリックしている人はほとんどいないに等しい。Facebook 社や Twitter 社が巨大企業として成長している事実を鑑みると，ユーザは，無料のサービスからの恩恵以上に，無料でこういった企業の「商品」として働いており，莫大な企業利益に貢献しているともいえる。また，ソーシャルメディア上でアプリを使用することによって，自分のみならず，自分の「友達」や「連絡先」の情報までが，第三者に渡っていることもまれなことではない。

　ユーザの情報をできるだけ多く集めるためには，ユーザをできるだけオンライン上に引き留めておく必要がある。第4章第7節の「スマホ依存」の節でも触れたが，ソーシャルメディアはユーザが無意識のうちに依存するように設計されている。Facebook の「いいね！」ボタンは，それを受けることによってドーパミンを高める効果があるのみならず，社会的に承認されたような気にさせるものであることを Facebook 社の初代 CEO であるショーン・パーカー（Sean Parker）も認めている。誰でも Facebook 等のソーシャルメディアに投稿した経験のある人は，自分の投稿に「いいね！」ボタンがつくと，嬉しい気持ちになり，頻繁に確認するようになることは否めないであろう。

　Facebook 社が行った 2012 年の実験では，69 万人近くのユーザの肯

定的，あるいは否定的なコメントを意図的に非表示にすることによっ
て，否定的なコメントしか見ないユーザは否定的なコメントしかしない
ようになり，肯定的なコメントしか見ないユーザは肯定的なコメントし
かしないようになる，といった結果が示された。この実験結果が 2014
年に発表された時は，実験を行うにあたってユーザの合意を取らなけれ
ばいけない，という基本的な科学倫理に背いていたことから強い批判を
浴びたが，その結果自体はソーシャルメディアが個人心理を操作できて
しまうことの証拠として背筋が凍る思いをしたことは記憶に新しい。

　ソーシャルメディアのビジネスモデルが広告収入に頼っていることの
もう 1 つの側面として，アテンションエコノミー，または，関心経済，
というところにある。アテンションエコノミーとは，情報発信媒体が増
えたことで，情報過多の状態が起こり，人々のアテンション（関心）が
情報量に対して希少になることで価値が生まれ交換材となりえる，とい
う概念である。ソーシャルメディアというプラットフォーム上では誰も
が発信することができるため，注目を集める投稿ほど広告収入に結びつ
く。その内容の善し悪しに関係なく，注目を集めれば価値が高まると
いったことから「炎上商法」または，「炎上マーケティング」ともいわ
れている。ソーシャルメディア上で非難を浴びるであろう不適切な発言
や表現をすることによって生じる「炎上」を意図的に引き起こして世間
に注目させることである。誹謗中傷やデマといった悪質な情報ほどペー
ジビューが多くなり，プラットフォームとしての広告収入が増える，と
いう矛盾をはらんでいる。

　マスメディアの報道機関としての新聞社やテレビ局においては，
ジャーナリストとしてある程度報道する内容に責任を持つ必要があった
が，ソーシャルメディアはそのような責任を持たない，というのが従来
のスタンスであった。これは，アメリカでは 1996 年に施行された通信

品位法（Communication Decency Act）で，また，日本では 2001 年 11 月に成立し，2002 年 5 月に施行された特定電気通信役務提供者の損害賠償責任の制限及び発信者情報の開示に関する法律（プロバイダー責任制限法）によって，ソーシャルメディア等のプラットフォーム企業は，ユーザが投稿した内容に関する法的責任は持たない，と制定されたからである。これらの法規制は，インターネットの黎明期に，未熟であったプラットフォーム企業を経済的に守り成長を促すことを目的として制定されたものである。

しかしながら，プロバイダー責任制限法が成立してから 20 年が経ち，ソーシャルメディア等のプラットフォーム企業も成熟期にあるといえる今日，プラットフォーム上に掲載される内容に関して全く中立的な立場でいられるのかが疑問視され始めている。それには，2 つの大きな問題が背景にある。1 つは誹謗中傷の問題である。プロバイダー責任制限法では，「発信者情報開示請求」が規定されているものの，その行使はとても煩雑で時間がかかる。開示請求の対象は氏名，住所，IP アドレスとあるものの，多くの場合こういった誹謗中傷は匿名サイトで起こり，発信者が氏名や住所を登録せずにいるため，投稿者を特定するための開示請求は，IP アドレスを基にプロバイダーに対して開示を求める裁判を起こす必要があった。訴訟を起こしても投稿による権利侵害が明白かどうかにより開示請求ができないケースも少なくなく，被害者にとって不利な仕組みであった。しかしながら，2020 年 5 月にプロレスラーの木村花さんが，自身が出演していた番組内での言動への批判を苦にしての自殺事件をきっかけに，投稿者の情報開示に必要な裁判手続を簡易化する改正が検討され 2021 年 4 月に衆議院本会議で可決された。

もう 1 つの問題は，デマやフェイクニュースである。一般に，デマやフェイクニュースは，偽りの情報がネット上で拡散して負の影響をもた

らす現象を指す。コロナ禍においても様々なデマが流れ，買い占めや根拠のない不安を抱かせるような情報が度々拡散した。デマは，災害時等，人々が不安を抱えている時ほど拡散しやすいといわれており，ネットなどで噂やデマも含めた大量の不確かな情報が急激に拡散することで国民の心理的不安や恐怖をあおる**インフォデミック（infodemic）**が起こりやすくなる。情報を得てそれをさらに拡散する人も，悪意からではなく「善意でしている」と信じて拡散しているところがインフォデミックの怖さで，さらに信頼性の高い情報を見つけにくくすることになっている。このような中で，以前にもまして信頼できる情報を伝達するルート構築の重要性が認識されつつあるが，瞬時に拡散されるインフォデミックに対してのワクチンは，一人一人が受け取った情報の真偽を確認して，発信する内容を吟味し，冷静に行動することしかないように思える。

4．情報操作

　ソーシャルメディア上の誹謗中傷やデマ・フェイクニュースの問題は，ある意味でソーシャルメディアのビジネスモデルが助長する悪影響であるが，それが政治的な意図を持った情報操作も考慮しなければならない深刻な問題である。それは，情報操作は人々が認識しないところで行われ，それによって世論が動き，政策や選挙といった政治的決定に偏った影響を及ぼすものであるからである。

　ソーシャルメディア上でのコミュニケーションは，熟慮された上で行われるものというよりは，「炎上商法」の例でも見られるように，感情的に人々の関心を引くものの方が優位に立つ。じっくりといくつかのエビデンスを精査して作成される文章よりも，短く扇動的なものの方が拡散しやすい。また，情報過多であるソーシャルメディア上で一つ一つ情

報を吟味する余裕はなく，一見して自分の考えに合致するもの，自分の興味関心に合ったものが目につくし，ソーシャルメディアのアルゴリズムにおいてもユーザの興味関心や既存の考え方に合致するものを提示するようになっている。そこで「フィルターバブル」や「エコーチェンバー」といわれる現象が起こる。同じ考えや意見を持つ仲間が集まるユーザにとっては便利で気持ちのよい空間ができあがり，自分とは異質の意見や事実に出会う機会がなくなっていき，社会が分断されていく。

　例をいくつか見てみよう。選挙における情報操作としてまず大々的に取り上げられたのが 2016 年の米国大統領選挙戦である。ロシアのインターネット・リサーチ・エージェンシー（IRA）の工作員がソーシャルメディア上で政治的影響力を行使するためにターゲティング広告やミームを駆使して，ドナルド・トランプが当選するように仕向けたことにある。同年，イギリスの EU 離脱の国民投票においてもロシアが離脱を誘発するメッセージを SNS 上で巧みに発信していたことが知られている。

　2016 年にイギリスのコンサルティング会社であるケンブリッジ・アナリティカの Facebook データ不正利用事件は，それが Facebook のビジネスモデルに深く根差しているところに問題がある。ターゲティング広告は，商品やサービスを売る企業だけに限らない。巧みに世論を操って，政治的な目的を達成しようとする様々な政治的，社会的，または反社会的組織にも及んでいる。

　政治家や民衆にメッセージを発しようとする者も，ソーシャルメディア以前のマスメディアの時代であったら，メディアのチャンネルに載る，すなわちメディアというゲートキーパーを通らなければならなかったのが，ソーシャルメディアの時代には，直接不特定多数の民衆にメッセージを発することができるようになった。それにより，ジャーナリズムのプロセスとして必然的にある事実確認や公平性という価値観を全く

無視して，誤った情報，偏った情報，扇動的なメッセージを拡散させ，性差別，人種差別，外国人排斥といった社会を分断させ，社会の信頼を失わせるような状態になっている。

5．ソーシャルメディア上の行動

　第 2 節で言及したマーク・グラノヴェターのもう 1 つの著名な理論に「集団行動の閾値モデル（Threshold Models of Collective Behavior）」（Granovetter, 1978）というものがある。集団によるストライキやデモに参加するか否かを考えている個人は，その集団行為に参加している（または，参加を予定している）他者の数がある閾値よりも多いと認識した時に参加する決定を下す，というものである。その閾値の数は人によって異なり，参加することによるメリットが，参加することのデメリットより大きいと認識された時に，その集団行為に参加する決定を下すし，また，閾値の数も，他者が誰か（他者に知人や友人が入っていた場合等）によっても異なってくる。ここで説明変数となっているのは，実際の他者の参加数ではなく，参加しようかどうか決定を下す個人が認識している他者の数である。同じような考えや関心を持った人たちのフィルターバブルの中にいれば，そのフィルターの中である行動に出ている人たちの数は現実の数よりも多く（または少なく）認識される可能性は高いし，その人たちが知り合いである可能性も高い。これにより，ソーシャルメディア上で集団の極端な行動が誘発されやすいのである。

　ソーシャルメディア上のオンラインコミュニティで，あえて挑発的な書き込みをしたり，人が気を悪くするようなコメントを書き込んだり，注目されたいがために嘘を書き込んだりすることをトロール（troll），または，「荒らし」や「釣り」というが，グラノヴェターの「集団行動の閾値モデル」理論によると，誰もがそういったトロール行動を起こす

可能性があることを示唆している。他者の挑発的な書き込みに触発されて，知らないうちにネガティブなスパイラルに陥っていく炎上は珍しいことではない。米国スタンフォード大学とコーネル大学の研究者が2017 年に発表した論文（Cheng, Bernstein, Danescu-Niculescu-Mizil, & Leskovec, 2017）によると，人は仕事などでイライラしているところに「荒らし」の書き込みを目にすると，イライラしていない人に比べてトロール行動に走る可能性が高くなる，という。この論文の基となっている実験では，被験者を 2 つのグループに分けて，1 つのグループには大変難しい作業を課し，もう 1 つのグループには容易な作業を課した。その後，全ての被験者に同じ記事をオンラインで読んでもらったのだが，半分の被験者には記事の下に「荒らし」のコメントを，残り半分の被験者には中立的なコメントを見せてから，各自自らのコメントを投稿してもらうよう指示したところ，難しい作業を課された後に「荒らし」のコメントを見たグループは，易しい作業を終えた後に中立的なコメントを見たグループに比べて，ほぼ倍に近い確率で自ら「荒らし」的なコメントを残した。

　同じ研究者が，2012 年にアメリカの CNN のニュースサイトに投稿された 2650 万以上ものメッセージを分析したところ，「荒らし」的投稿は，夜遅い時間に，また週の初めに投稿されることが多く，また，他の「荒らし」の投稿を閲覧した場合に多いことが分かった。次に，機械学習のアルゴリズムを使って，投稿者の最後の投稿日時・その最後の投稿のトロール度・投稿しているスレッド内の荒らしの数・その投稿者の過去のトロール行動履歴から，何が最もトロール行動を起こす可能性に影響するのかを分析したところ，最も影響力が大きい要因は，そのスレッド内のトロール投稿歴であった。これらの研究から，状況により他の人に影響されて誰でもトロール行動を起こす可能性を秘めており，いった

んそれに火がつくと過激さを増し炎上する，と結論づけている。

　上記研究結果により推奨されることとしては，メッセージの投稿に関して，投稿ボタンを押したらすぐに投稿が公開されるのではなく，ある一定のクールオフ期間を設けること，また，「荒らし」の投稿は「荒らし」本人には分からないように非表示にすること，等が考えられる。

　他にも，オーストラリアの研究者が2017年に発表した論文（Sest & March, 2017）によると，共感には，他人の感情を認知する認知的共感（cognitive empathy）と他人の感情を自分のことのように感じることができる感情的共感（affective empathy）の2種類があり，感情的共感が高い人ほど，トロール行動を起こす可能性が低く，精神病の傾向があり認知的共感が高い人ほど，トロール行動を起こす可能性が高い，という結果が出ている。すなわち，トロールや「荒らし」には，人の感情を認知して操作する人が多い可能性があるのである。

6．まとめ

　本章では，デジタルメディアの文化的土台ともなってきているソーシャルメディアの歴史的背景と，そのビジネスモデル，そして，そのビジネスモデルがもたらしている闇の側面を紹介した。ソーシャルメディアは日々進化し続けており，社会に対するその膨大な影響力も認知され，その影響力に対する規制も検討され始めている。デジタルトランスフォーメーションで我々の生活がますますソーシャルメディアに依存する可能性が高くなっていく今後，我々一人一人がソーシャルメディアのビジネスモデルを認識し，社会全体に負の影響をもたらす可能性を最小限にとどめる努力をしなければならない。

100

参考文献

Cheng, J., Bernstein, M., Danescu-Niculescu-Mizil, C., & Leskovec, J. (2017). Anyone can become a troll：Causes of trolling behavior in online discussions. *CSCW'17：Proceeding of the 2017 ACM Conference on Computer Supported Cooperative Work and Social Computing*, 1217-30.

Choi, H., Park, J., & Jung, Y. (2018). The role of privacy fatigue in online privacy behavior. *Computers in Human Behavior, 81*, 42-51.

Ellison, N. B., & Boyd, D. (2013). Sociality through Social Network Sites. W. H. Dutton (ed.), *The Oxford Handbook of Internet Studies* (pp. 151-172). Oxford, UK：Oxford University Press.

Granovetter, M. (1978). Threshold Models of Collective Behavior. *The American Journal of Sociology, 83*(6), 1420-1443.

Kaplan, A. M. & Haenlein, M. (2010). Users of the world, unite! The challenges and opportunities of Social Media. *Business Horizons, 53*, 59-68.

Malone, T.W. (2018). *Superminds*：the surprising power of people and computers thinking together. New York：Little, Brown and Company.

Sest, N. & March, E. (2017). Constructing the cyber-troll：Psychopathy, sadism, and empathy. *Personality and Individual Differences, 119*, 69-72.

Short, J., Williams, E., & Christie, B. (1976). *The social psychology of telecommunications*. Hoboken, NJ：John Wiley & Sons, Ltd.

Tamir, D. I. & Mitchell, J.P. (2012). Disclosing information about the self is intrinsically rewarding. *PNAS, 109* (21), 8038-8043.

Yang, C., Holden, S.M., & Carter, M.D.K. (2017). Emerging adults' social media self-presentation and identity development at college transition：Mindfulness as a moderator. *Journal of Applied Developmental Psychology, 52*, 212-221.

Zuboff, S. (2019). *The Age of Surveillance Capitalism: The Fight for a Human Future at the New Frontier of Power*. New York：PublicAffairs.

学習課題

1. どのようなソーシャルメディアを過去に使ったことがあるのか，また，現在使用しているのかを考えてみよう。

2. 現在使用している SNS は，どのような目的で使っているのか，振り返ってみよう。

3. 自分が使っている SNS のアプリやブラウザーのクッキーの設定がどうなっているのか調べてみよう。

6 ジオメディア

青木久美子

《**目標＆ポイント**》 本章では，GPS 等の位置情報を活用して提供される様々なサービスの総称であるジオメディアについて説明し，モバイルメディアやソーシャルメディアから得られる位置情報ビッグデータとして活用される可能性について論ずる。また，電子地図の可能性や空間的クラウドソーシング，さらには，ジオアクティビズムについて考察する。

《**キーワード**》 ロケーションビジネス，グローバル・ポジショニング・システム（GPS），全球測位衛星システム，ジオタグ，位置ゲー，ロケーションベースのソーシャルネットワーク（LBSN），位置情報ビッグデータ，電子地図，ジオフェンシング，ネオ地理学，データのウェブ，空間的クラウドソーシング，ジオアクティビズム，ボランタリーな地理空間情報（VGI），ジオウェブ（Geoweb），情報型ジオウェブ，参加型ジオウェブ

1. ジオメディアとは

ジオメディアという言葉はあまり聞きなれないかもしれないが，位置情報を基にして，情報やサービスが提供されたり，コミュニケーションが行われたりするメディアのことを指す。地理的な性格を持ったメディアであり，**ロケーションビジネス**の一形態で，英語では locative media と呼ばれる。その時その場所その状況に応じて情報を受け取ったり伝えたりすることができることが特徴である。

ジオメディアといった独立した分類ではなく，様々なサービスの提供にあたって位置情報データを活用するものの総称をここではジオメディアと呼ぶこととする。例えば，位置情報つきメッセージやカーナビや乗

換案内などのナビゲーションサービス，現在地に基づいた飲食店検索，料理などのデリバリーサービス，見守りサービス等，位置情報データを駆使して提供されるロケーションベースのサービスは日々増えている。

2．GPS と位置情報

スマートフォンやタブレット端末といった持ち運び自由なモバイル端末の普及に伴って，その端末の位置情報に基づいて様々なサービスが提供されるようになってきている。位置情報自体が GPS とも呼ばれているように，位置情報サービスは GPS に頼っているところが大きい。日本では，スマホ普及の以前からカーナビが普及しており，GPS の恩恵を受けていた人が少なくないであろう。

GPS，すなわち**グローバル・ポジショニング・システム（Global Positioning System）**とは，米国国防省が軍事用に高度約 2 万キロメートルに打ち上げた人工衛星により，世界中どこにいても位置情報を得ることができるシステムである。1978 年に最初の GPS 衛星である NAVSTAR（NAVigation System with Timing And Ranging）4 機が打ち上げられ，1983 年の大韓航空機墜落事故まではアメリカの軍事使用のみに限られていたが，大韓航空機墜落事故のような悲劇を再び起こしてはならないと，当時の米国大統領であったロナルド・レーガンが，世界中から無料で使用できるようにした。1993 年には GPS 衛星は 24 機となり，24 時間世界中のどこにいても位置情報が得られるようになった。

2000 年には，セキュリティ保護目的のための GPS 信号のスクランブルが解除され，これにより GPS の開発がさらに進み，それと同時に商用活用が活発となった。現在，米国国防省は 2 種類の GPS サービスを提供しており，我々が日常生活で活用している GPS サービスは，標準

ポジショニング・サービス（SPS）である。もう1つの精細ポジショニング・サービス（PPS）は，SPSより精度が格段に高く，PPSの受信は，米軍，米国連邦省庁，その他諸国の軍や政府に限られている。

　日本の測位衛星システムである準天頂衛星システム「みちびき」は，2010年9月に初号機が打ち上げられた。その後，東日本大震災が発生し災害時の衛星の有用性に注目が集まり，2017年6月に2号機が，2017年8月に3号機が，そして，2017年10月には4号機が打ち上げられ，2018年11月からは4機体制でシステムの本格的運用が開始された。これにより，米国GPSとの組み合わせで全空をカバーできるようになった。また，2023年には7機体制での運用が予定されている。「みちびき」の本格的運用により，日本の真上を通る軌道からより精度の高い信号を高速で送信することが可能となり，GPSとの組み合わせにより位置情報システムの画期的改善が期待されるところではある。すでに，車両の自動運転やドローンによる宅配サービスなどでの活用の実証実験は始まっている。

　全球測位衛星システム（Global Navigation Satellite System, GNSS）はアメリカと日本以外でも開発されている。ロシアが運用するGLONASS，EUのGalileo，インドのIRNSS（Indian Regional Navigation Satellite System），中国の北斗衛星導航系統があり，地球上の位置によってこれらの衛星からの信号の組み合わせで位置決定を行うことができる。

　現在地の特定には，GPSのみならず，Bluetooth，Wi-Fiアクセスポイント，携帯電話基地局などの情報も使われる。モバイル端末からの測位は，主に，GPS信号と携帯電話基地局からのA-GPS（Assisted-GPS）信号を併用することによって，屋内での計測も可能となっている。このような位置情報を活用したアプリはスマホ保有者には日常的に

使われるようになってきている。Twitter や Facebook や LINE といっ
た SNS においても，店やレストランに「チェックイン」することで知
り合いに自分の居場所を簡単に知らせることができ，写真やメッセージ
に**ジオタグ**を付与することによって，写真が撮影された場所やメッセー
ジが送られた場所を特定して地図サービスの画面上に並べ，「場所」を
基準に整理・公開することなどが可能となる。また，**位置ゲー**と呼ばれ
る位置情報を利用するゲームも人気を集めている。ユーザが意識的にジ
オタグを付与している場合はよいが，ユーザの認識不足やアプリの情報
公開不足から，ユーザが気づかないうちにジオタグが付与されていて，
意図しない個人情報が他者に流れてしまう，といった危険性がある。

3．位置情報ビッグデータ

　スマホといったモバイル端末から Facebook や LINE といった SNS
に位置情報を連動させるものを**ロケーションベースのソーシャルネット
ワーク（LBSN）**と呼ぶ。ソーシャルネットワーキングサービスの代表格
である Twitter も，当初は「つぶやき」と呼ばれるメッセージにジオ
タグをデフォルトで付与してユーザの現在地を発信するようになってい
たし，「インスタ映え」という言葉で広く知られるようになった
Instagram も，もともとは予定や位置情報をシェアするサービスとして
始まったように，ソーシャルメディアと位置情報は密接な関係にある。
プライバシー保護の観点から，Twitter や Facebook，Instagram といっ
た SNS では，投稿時に位置情報は自動的に削除されるようになったが，
メールに添付した写真やブログなどに掲載した写真は，埋め込まれた情
報を誰でも自由に閲覧できる可能性がある。

　しかしながら，LBSN もプライバシーの侵害といった悪い面ばかりで
はない。LBSN のチェックインや投稿された写真のジオタグ等のデータ

を用いて，人々の移動経路や頻度の予測をする研究や都市部において人の流れがどのように動いているのかの研究は盛んに行われており，災害時に，位置情報を追加して撮影した写真を投稿することで，被害の様子が地図上でリアルタイムで把握できるといった活用方法もある。

　新型コロナウイルスの感染拡大の防止対策として人の動きの把握が重要になり，ビッグデータを活用して人流の分析や接触頻度の計算などを行い，その結果を内閣官房の「新型コロナウイルス感染症対策」サイト上で公開していた。この**位置情報ビッグデータ**は，位置情報アプリを通じて同意を得たユーザから取得したものや，携帯電話会社の基地局からのデータを匿名加工したものである。

　また，電車の混雑状況や施設や飲食店の混雑状況なども，コロナ禍において，密閉・密集・密接のいわゆる「3 密」を回避するために活用された。こういった混雑データは，ユーザからの通知と，カメラやセンサーといったモノのインターネット（Internet of Things, IoT）デバイスからのデータを人工知能（AI）が解析して混雑状態を自動検知するものがある。

　位置情報ビッグデータは災害予防にも活用されている。スマホの位置情報と加速度センサーを用いて，Google 社は地震警告システムを 2020 年 8 月に発表している。Google 社の Android 端末の数は膨大であり，それから収集できるデータはまさにビッグデータである。匿名化された位置情報ビッグデータが，公益に活用される場はますます増えていくであろう。

4.「地図」とサービス

　「地図」というものが，以前の紙の上の静的なものから，インターネット上のウェブマッピングになると，地理的情報のみならず，地図上

に様々な情報をリアルタイムで表示することが可能になってくる。地図がプラットフォームとなり，その上で，位置情報に基づいた様々な情報が表示され，付随するサービスが提供されるようになっている。ネット上の地図で一番よく使われているのは Google マップであるが，現在地の地図を表示したり，経路を検索したりするだけにとどまらず，近くの飲食店を検索したり，それに口コミ情報を投稿したりといった情報交換のプラットフォームともなっている。

　Google の検索においてコンピュータの IP アドレスやスマホの位置情報によって，現在位置の情報に基づいて検索結果をより関連深いものにするといったことは 2010 年から行われてきているし，Google マップ上で物理的に存在する建物やショップ等を検索することも可能ではあったが，基本的にデジタル世界と現実世界は分断されていた。しかしながら，2018 年 5 月に始まった Google Maps Platform では，マッピング事業にさらなる力を注いでいるし，Amazon 社も 2020 年 12 月に Amazon Location Service を発表し，オランダに本社を置く Esri Global や Here Technologies の地図を用いて，荷物の配送トラッキングなどのサービスや地図上に店舗を表示して，ネットとリアルの店舗の融合するサービス等を提供している。

　日本国内においてはゼンリンが，1980 年代には**電子地図**，90 年代にはカーナビ用の地図データを提供してきており，国内の Google マップも 2019 年 3 月まではゼンリン社の地図データを使っていた。ゼンリンの地図は，多くの調査スタッフにより目視で確認される情報と，カメラやセンサーを搭載して道路を走る車両調査と合わせて緻密なデータを収集して作られている。2016 年 4 月の熊本地震時には，支援物資の集約状況，営業中のスーパーや災害トイレ，ボランティアセンターの設置情報など，必要な時に必要な情報を必要な人に提供することに活用され

た。今後も，地図データと小型衛星からのデータを活用して，水害・土砂災害の発生時に被害状況の迅速な推定などに活用される予定である。

2005 年に始まった Google Earth のサービスでは，バーチャルな 3D の地球儀にタグをつけたり画像や URL といった情報を関連づけることができる。また，イギリスの OpenStreetMap（OSM）というプロジェクトでは，道路地図などの位置情報データを誰でも利用できるよう，ユーザ自らがフリーの地理情報データを作成することを目的としている。自身の現在位置情報を使って，天気予報や乗換案内，レストラン案内など，ロケーションに応じた情報検索も可能である。Google Earth に限らず，欧州連合の地球観測プログラム「コペルニクス計画」やアメリカの地球観測衛星ランドサットなどが無料で地球の衛星写真を提供しており，今後様々な 3D 地理空間情報データが公開されるようになり，3D の地理空間情報データの民主化が進むことが期待されている。また，ユーザが自ら手軽にデータを生成できる環境が整ってきており，さらにユーザ生成データの活用が進むであろう。

ユーザがあらかじめ設定しておいた地図上の特定のエリアに出たり入ったりすることで，チラシやクーポンを配信するといった何らかの操作が行われる**ジオフェンシング（Geofencing）**という技術も活用されている。ジオフェンシングとは，2004 年に米国ミズーリ大学コロンビア校で開発された技術で，この地図上の仮想境界線を「ジオフェンス」といい，これを利用して提供されるサービスが増えてきている。ある地点を中心とした特定距離の円周部分には，仮想的に境界線（＝フェンス）を作り，そのフェンスを越えると，メールを送ったり，クーポンを配信したりするといった決まった動作をするという仕組みである。ターゲティング広告やコミュニケーションのみならず，ジオフェンスを使って自動でライフログをつけたり，自分のメモに基づいてどこで何をした

らいいのかを表示してくれるといった，毎日を効率化するために役立つ
サービスもある。また，ジオフェンシングを活用して不法侵入者を警告
するといったセキュリティサービスもある。

　地理空間情報技術を，一般のユーザが私的活用，あるいはコミュニ
ティ活用することを**ネオ地理学**（neogeography）と呼ぶ。ネオ地理学
においては，あらかじめ準備されて提供されるデータに頼るのではな
く，ユーザが自主的に収集して共有するデータによって目的に合致した
オープンな地図を作成し，編集し合っていくのである。ウェブが，放
送・出版的なものから，ユーザ参加型の Web 2.0 に変化したように，
GPS の活用も，政府や企業あるいは高度な専門知識を要する研究者等
による活用に限られていたものから，コンピュータやネット技術の発達
により，一般人が必要に応じて様々な目的でカスタマイズして共有して
活用できるユーザ参加型のものに変化してきているといえよう。ユーザ
が意識的に参加するものもあれば，ジオタグの自動的付与によって無意
識的に参加しているものもある。従来の位置情報提供者は，標準化され
た地理空間情報の質や正確さに重点を置いていたが，ネオ地理学におけ
る情報の質や正確さは多様であるし，情報の密度も地域によってまちま
ちである。

　GPS を搭載したモバイルメディアの普及により，今やあらゆる電子
情報を地理空間情報にリンクすることが可能となってきており，社会的
地理的なビッグデータを創出している。このようにして関連づけられた
データは，ウェブページの意味を扱うことを可能とするセマンティック
ウェブの創造によって，ネットを「文書のウェブ」から「**データのウェ
ブ**」へと進化させている。

5. 空間的クラウドソーシング

　クラウドソーシングとは，不特定多数の人の寄与を募り，必要とする
サービス，アイデア，またはコンテンツを取得，または，生成するプロ
セスであるが，それが地理空間的要素を伴うものを**空間的クラウドソー
シング**（spatial crowdsourcing）と呼ぶ。モバイル端末が一般的に普及
している今日，スマホ等のユーザが位置情報や写真を活用して情報や
サービスを提供することは日常的になっている。

　位置情報サービスを可能としたモバイルメディアが普及する以前の地
図とは，実際のものを縮小して地理的情報を正確に作成することが目的
であり，それは，政府や企業といった中で人的資源を使って製作される
トップダウンのものであった。しかしながら，ネオ地理学における地図
は，マッシュアップによってユーザが情報を追加したり，また，クラウ
ドソーシングにより製作されたりして，従来の権威のあるものからユー
ザへの情報提供と変遷してきているといえる。

　Google ストリートビューは，2007 年にアメリカで始まったもので，
Google マップ上に青い線で示してある主要地点の 360 度のパノラマ写
真を掲載していて，閲覧者は現地に行かずとも，一人者視点で現地の様
子を手に取るように見ることができる。ほとんどの写真が，Google 専
用のストリートビュー撮影車やストリートビュートライクと呼ばれる三
輪自転車に搭載された全天球カメラで撮影されたものではあるが，中に
は，徒歩で撮影されたもの，犬の背中に搭載したカメラで撮影したも
の，ボートから撮影されたもの，スノーモービルから撮影されたもの，
水中で撮影されたもの，そして近年では急激に増えつつあるドローンが
撮影したものもある。2020 年 12 月には，Google ストリートビューの
ユーザも，一連の画像を撮影して，それをストリートビューにアップ

ロードできるようになった。それまでは，Google 社のカメラで撮影した画像しかストリートビューでは見ることができなかったが，ユーザ生成コンテンツもアップロードできるようになったことで，Google ストリートビューも，空間的クラウドソーシングを活用するようになったといえよう。

Google ストリートビューでは，プライバシー保護のため，人物が写っている場合は顔をぼかしたり，車のナンバープレートをぼかしたり，表札をぼかしたりすることが Google 社の人工知能によって自動的に行われている他，リクエストがあれば家屋自体をぼかすといったことも行われている。ユーザがアップロードした画像においても，同じプライバシーコントロールが適用される。

Google ストリートビューの予期せぬ活用事例の1つに，災害の前と後の状況の比較，ということもある。Google ストリートビューにより，各地の状態が撮影されており，それが定点観測の参照としても使われるのである。

情報を提供する側のみならず，地図を使う側にとっても，地図をインタラクティブに操作することによって，自分の好きなように地図を拡大・縮小したり，タグづけしたり，追加情報を検索したりなど，同じ地図であっても，人によってその使い方は千差万別である。従来の地図のように地図情報の提供者によって整理分類された情報のみならず，今やユーザが好きなように整理分類することができるのである。

ある意味で，デジタルな地図そのものがメディアとなっており，コミュニケーションの手段であり，ウェブのコンテンツを検索するインターフェースとなっているともいえる。ネオ地理学における地図は，従来の地図を動的なものにするのみならず，我々の日常生活におけるコミュニケーションに広がりを持たせるものとなっているのである。デジ

タルメディアにおけるマッピングとは，単に地理的情報を可視化するのみならず，人のコミュニケーションを地理的に可視化してデータベース化し，検索可能とするものであるといえよう。

6. ジオアクティビズムとボランタリーな地理空間情報（VGI）

　地域に基づいた政治的活動，**ジオアクティビズム**も活発化している。地方自治体等がジオメディアを活用して市民の参加を促すイベントが増えている。2007 年にイギリスの mySociety が開発した FixMyStreet や，2009 年に始まったアメリカの CitySourced というアプリは，市民が道路の陥没や落書きなどの苦情を，撮った写真を添付したりして，GPS の位置情報にリンクして自治体に報告することができるようにしている。

　日本国内では，FixMyStreet Japan が，2012 年から同様な仕組みを提供している。2021 年 1 月現在，23 の市町で本運用中である。放送大学本部が位置する千葉市では，「ちばレポ」というアプリを提供して，千葉市内で起きている様々な課題（例えば道路が傷んでいる，公園の遊具が壊れている，落書きがされている等の地域での困った課題）を，目にしたり経験したりした市民がレポートすることで，それらの課題を合理的，効率的に解決することを目指している。

　従来の行政における位置情報の活用方法は，行政側が市民に情報伝達を行うことに使われていたが，位置情報ツールは，市民が行政に働きかけることを容易にしたのみならず，市民の行政に対する影響力も大きくしたといえよう。また，ゲーム感覚で位置情報を活用して災害復興支援に繋げる試みも画期的なものであるといえる。

　ボランタリーな地理空間情報（volunteered geographic information,

VGI)[1] とは，個人によって自発的に共有される地理空間情報データを生成・結合し，普及するためにツールを活用する，草の根的な地理空間情報システムである（Goodchild, 2007）。共有される情報は，分類のための位置情報や，特徴を表すタグ，数値，コンテンツの評価，説明，写真，動画などがあり，これは機器によって自動的に生成されるものと，ユーザが意図的に生成するものがある。ユーザが意図的に生成するものの中にも，客観的な情報からユーザの意見や感想といった主観的なものまで，様々である。代表例として，アメリカのカリフォルニア州の科学財団（California Academy of Sciences）とナショナルジオグラフィック協会（National Geographic Society）が提供しているプラットフォームである iNaturalist を見てみると，様々な生き物や草木など自然に観察されるものをユーザがジオタグがついた写真を共有することで，誰もがアマチュア科学者（citizen scientists）になれる。

　伝統的な GIS（geographical information systems，地理空間情報システム）とは異なって，VGI は，ユーザがセンサーであり，地理空間データを集めることが主目的ではなく，ユーザの SNS におけるソーシャルな活動の副産物として地理空間情報データが蓄積される。

　ユーザは空間地理情報データの消費者であると同時に生成者でもある。前述した**ネオ地理学**が，こういった現象を表すものであるが，その技術的インフラは**ジオウェブ（Geoweb）**である。ジオウェブの特徴として，時間や費用をかけることなく，大規模に一般市民が地理空間情報を生成し，共有することができることにある。ジオウェブには，**情報型ジオウェブ（information Geoweb）**と**参加型ジオウェブ（participatory Geoweb）**があると Johnson ら（2012）はいっている。情報型ジオウェブは，生成者から消費者への一方向的な情報提供を行うが，参加型ジオウェブにおいては，双方向の情報共有が基礎となる。

1　ユーザ生成空間地理情報（user-generated geographic content, UGGC）やネオ
　地理学マッピング（neogeographic mapping）といわれることもある。

Rinner and Fast（2014）は，VGI の情報を以下の 7 つに分類している。

（1）　位置情報（座標，地形，ジオメトリ等）

（2）　分類情報（動植物種目，地震等）

（3）　数値情報（温度，水位，騒音等）

（4）　モデルのパラメータ情報（加重等）

（5）　注釈・説明

（6）　メディア（音声，写真，動画等）

（7）　感想（評価，コメント等）

VGI のアプリやツールとしては様々なものがあるが，以下の 5 つのものに分類される（Rinner and Fast, 2014）。

・クラウドマッピング（ユーザが実際に地図上の位置を特定して情報を提供するもの；OpenStreetMap 等）

・ユーザセンシング（ユーザの位置情報が自動的に関連づけられるもの；Weather Underground 等）

・市民レポート（地理空間情報に関連づけて市民が報告するもの；FixMyStreet 等）

・地図ベースの談話（地図上の位置を特定してユーザがコメントするもの；Tripadvisor 等）

・ジオソーシャルメディア（SNS に位置情報を半自動的に付与するもの；Twitter 等）

7. まとめ

位置情報サービス機能を搭載したスマホが広く普及し，位置情報を活用したアプリや SNS が日常的に使われるようになった現在，従来はトップダウンで提供されていた様々な位置情報データが一般的になった

のみならず，ユーザが様々な地理空間情報に関連づけた情報を発信できるようになった。それとともに，位置情報に関連づけられたビッグデータがスマートシティ実現のために活用されたりする一方，プライバシーの問題などの課題が出てきている。ソーシャルなデータと位置情報のデータが結びつけられることで，個人の様々な行動が特定できるようになるからである。地理空間情報が身近なものになり便利さや情報の正確さ・即時性が増す一方，我々ユーザは，引き換えに何を諦めなければいけないのか，よく考えて選択する必要があろう。

参考文献

Daft, R.L., & Lengel, R.H. (1986). Organizational information requirements, media richness, and structural design. *Management Science, 32*(5), 554-571.

Goodchild, M.F. (2007). Citizens as sensors：the world of volunteered geography. *GeoJournal, 69* (4), 211-221.

Johnson, P., Sieber, R., Magnien, N., and Ariwi, J. (2012). Automated web harvesting to collect and analyse user-generated content for tourism. *Current Issues in Tourism, 15*(3), 293-299.

Rinner, C. and Fast, V. (2015). A classification of user contributions on the participatory Geoweb. *Advances in spatial data handling and analysis* (pp.35-49). Springer, Cham.

学習課題

1. 自分が使っているアプリのどれが位置情報を活用しているのか，どのように活用しているのかを調べてみよう。
2. 位置情報を活用したサービスにどのようなものがあるのか調べてみよう。
3. Google Street View で自分が居住する場所や故郷を見てみよう。
4. 自分が住む自治体で，どのようなジオアクティビズムがなされているのか調べてみよう。

7 | 消費とデジタルメディア

青木久美子

《**目標＆ポイント**》　店頭でのキャッシュレス決済や，ネットショッピングといったインターネット上での購買活動等，消費者としてデジタルメディアを活用する場も増えてきている。また，暗号資産や法定デジタル通貨といった従来の概念の通貨とは全く異なった通貨が日々の消費生活や金融活動を変える可能性を秘めている。シェアリングエコノミーといったモノやサービスを共有するプラットフォームの活用による消費生活の価値観の変化や，クラウドソーシングによる新しい形の労働形態など，デジタルメディアが日々の消費活動に与える影響を考察する。

《**キーワード**》　電子商取引（e コマース），ネットショッピング，ネットスーパー，ロングテール現象，ステルスマーケティング，ブラッシング詐欺，モバイルコマース，ショールーミング，ウェブルーミング，キャッシュレス決済，クレジットカード，電子マネー，おサイフケータイ，モバイルウォレット，コード決済，JPQR，デジタル通貨，暗号資産（仮想通貨），ブロックチェーン，ビットコイン，マイニング，仮想通貨法，中央銀行デジタル通貨（CBDC），シェアリングエコノミー，ソーシャルコマース，クラウドソーシング，クラウドファンディング，ギグワーク，オンデマンド経済，プラットフォーム資本主義

1．電子商取引

　インターネットが普及して，ネット上でモノやサービスの売買ができるようになったことで，**電子商取引（electronic commerce，EC）** が盛んになった。電子商取引を語る時によく使われる言葉が，B2B（ビーツービー），B2C（ビーツーシー），C2C（シーツーシー）といったもの

だ。これが何を意味しているかというと，Bがビジネス，Cが消費者（consumer）である。すなわち，B2Bはビジネス対ビジネスの取引（企業間取引），B2Cがビジネスから消費者への取引（ネットショッピング），そしてC2Cが消費者間取引（オークションやシェアリング）を指す。B2Bは，一般市民が日常生活で行うものではないため，ここではB2Cであるネットショッピングと，C2Cであるオークションについて説明する。

（1） ネットショッピング

　ネットが普及し，クレジットカード等によるオンライン決済が一般的になるとともにネット上の購買活動，すなわち**ネットショッピング**の利用率が拡大した。また，新型コロナウイルス感染拡大によって外出自粛傾向となり，必要なものをネットで買うといういわゆる「巣ごもり消費」が強まった。総務省の家計調査（2人以上の世帯）によると，ネットショッピング利用世帯の割合は2020年4月以降に急上昇し，2020年5月には50.5％を記録した。調査をスタートした2002年以降，初めてネットショッピング利用世帯が5割を超えたのである（図7-1参照）。

　また，年代別に見てみると，2019年までは伸びが鈍化していた65歳以上が世帯主の世帯でも3割がネットショッピングを利用するようになり，ネットショッピングが当たり前の時代になりつつあることが分かる（図7-2参照）。

　ネットショッピングにおける決済手段を見てみると，クレジットカードの割合が年々増えており，約7割以上がクレジットカードである。また，代金引換やコンビニエンスストアでの支払いは減っており，わずかではあるが，インターネットバンキング・モバイルバンキングによる振込や，月額料金への上乗せ，電子マネーによる支払いなどのキャッシュ

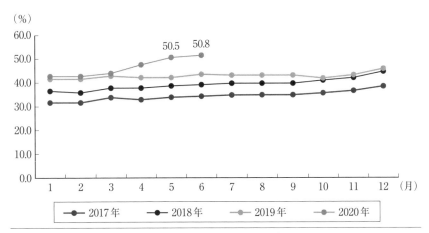

図 7-1　ネットショッピング利用世帯の割合の推移
（出典：総務省「統計 Today No. 162」を基に作成）

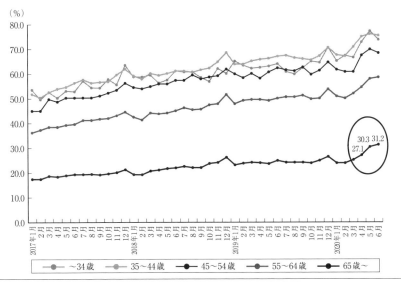

図 7-2　ネットショッピング利用世帯の割合の推移（世帯主の年齢別）
（出典：総務省「統計 Today No. 162」を基に作成）

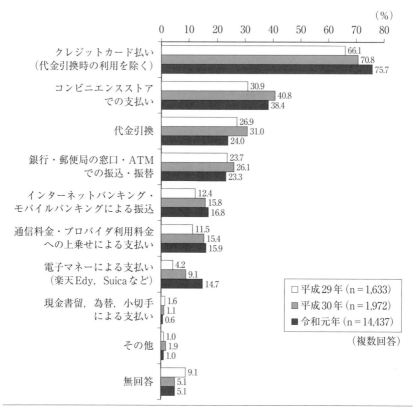

図7-3　インターネットを使って商品を購入する際の決済手段の推移

※平成29年調査，平成30年調査では詳細版調査票のみでの設問であったが，令和元年調査から調査票を1種類としたため「n」が大きくなっている。

（出典：総務省「令和元年通信利用動向調査報告書（世帯編）」を基に作成）

レスの支払いが増えている（図7-3参照）。

　場所や時間を問わず自分の都合で買い物ができる便利さ，価格比較ができ口コミやレビュー等が見られたりする情報収集の効率性，検索機能によって探す時間の節約，また，履歴や他の人の購買データ等から欲し

いものを提示してくれること，自宅やその近くまで配達してくれる利便
性，ポイント等のメリットから，ネットショッピングは世代を超えて普
及しているといえる。日本は他国に例を見ない宅配サービス網が充実し
ており，既存の配達網を活用できることと，マンション等の集合住宅で
は，宅配ボックスが設置されているところが多く，都合のよい時間に集
荷できることも，ネットショッピングの普及に役立ったといえよう。

　新型コロナウイルス感染拡大の影響で，ネットスーパーの需要も急激
に伸びた。生鮮食品などをネットで注文して，配送してもらうネット
スーパーは，2000 年前半から始められてはいたが，生鮮食品は自分の
目で見て買いたいという根強いニーズや，必要な時にすぐに届けてもら
えるとは限らないことから，コロナ禍以前では伸び悩んでいた。ネット
ショッピングに伴う宅配サービス需要の急増に伴い，宅配サービスの人
手不足が一時期話題となったが，将来的には無人走行ロボットやドロー
ンによる配送なども試行されており，倉庫の自動化や宅配の自動化に
よって，今後ネットスーパーが主流となる日もそんなに遠くないのかも
しれない。

　ネットショッピングの特徴として**ロングテール現象**がある。この「ロ
ングテール（long tail）」という言葉を最初に使ったのは，アメリカの
「Wired」誌の創設者であり長年にわたって編集長を務めていたクリ
ス・アンダーソン（Chris Anderson）で，2004 年に Wired 誌の記事の
中でこの現象について述べた。ロングテール現象とは，Amazon に見
られるように，販売機会の少ない商品，いわゆる人気商品ではない商品
でも，品ぞろえを幅広くすることによって，全体としての売上高が高ま
る，という現象である（図 7-4 参照）。通常の店舗では，店頭に置ける
商品の数は限られており，また，売れない商品をいつまでも保管してお
く余裕はないが，ネットの店舗では，倉庫に保管しておけばよい。

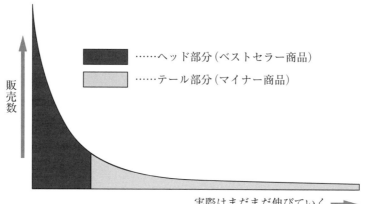

図 7-4　ロングテール現象
（出典：Anderson（2004））

　Amazon では，巨大な倉庫を保有していると同時に，他の様々な
ショップと提携して，注文が来たら商品ができるだけ早く発送できるよ
うにした。店舗を必要とせず，ネット上にウェブページという形でほぼ
無限といってもよいほどの品ぞろえを用意し，商品検索システムを構築
し，通常の店舗では，売上高の8割が売れ行きのよい上位2割程度の人
気商品で占められるのに対して，ネットショップでは通常の店舗ではな
かなか取り扱うことができない商品が売り上げの大半を占めるように
なった。
　ロングテール現象を論ずるにあたって，小売業者側からの視点が論じ
られることが多いが，このロングテール現象を消費者側の立場から論ず
ることもできる。ネットショッピングにおいて，消費者は，検索・比
較・検討，という新たなプロセスを経て，購入行動に至ることが多い。
このプロセスにおいて口コミや他のユーザの評価が大きな影響力を占め
るのである。特に，ネットショッピングでは，実物を目にしたり，手に

取ったりすることが困難であるため，この口コミの影響力が大きくなる。このために，これを逆手に取った不正商法（「やらせ」による口コミや有名人のブログ書き込み）が度々行われている。こういった口コミに見せかけた広告を「**ステルスマーケティング**」，または「**ステマ**」という。ステルスとは英語の stealth で，意味は「こっそりと行う」ということであり，ステルスマーケティングとは，消費者に宣伝と気づかれないようにされる宣伝行為のことを指す。日本では，飲食店レビューサイトで好意的な口コミを書く業者に安易に依頼する飲食店が多くいたことが発覚した事例や，あるオークションサイトにおいて，実際には落札することがほぼ不可能であるにもかかわらず，格安で様々な商品を落札できると見せかけ，消費者から手数料を巻き上げていたというペニーオークション詐欺事件などがよく知られている。

　ネットショッピングが盛んになるにつれて，ステルスマーケティングややらせレビューの手口も巧妙になってきている。Amazon が，2020年9月に，イギリスでトップ10レビュアーらによって投稿されたレビューを2万件削除したが，これは「購入者」になりすましてレビューを書き，商品に高評価をつけたり，注文件数やレビューを水増ししたりする「**ブラッシング詐欺**」であった。ほとんどの商品は，小規模な中国企業のもので，レビューではどれも5つ星がつけられていたという。「**ブラッシング詐欺**」とは，やらせレビュー用の偽アカウントを作成し，そこから商品をネットで発注し，全くの別物を任意の住所に送り付けて配達を実行することで，レビュー書き込みの権利を得る詐欺のことで，2020年に海外から謎の種が送りつけられる事例が続出したことで，話題となった。

（2）　モバイルコマース（M-commerce）

　もともと電子商取引やネットショッピングは，パソコンからネットに接続して売買を行うイメージであったが，スマートフォン等のモバイル機器の普及，および，モバイル回線の高速化や定額制の普及により，ネットショッピングもモバイル機器からのネットショッピング，すなわち，モバイルコマースが占める割合が高くなってきている。

　ニールセンの2020年4月のデジタルコンテンツ視聴率調査によると，国内のネットショッピングのプラットフォーム別利用者数は，Amazonでモバイルのみからの利用が77%，楽天市場が80%，Yahoo! Japanショッピングが76%と，もはや，ネットショッピングはパソコンからではなく，モバイル端末からが主流となっている。

　モバイル端末からのネットショッピングも，ネットショッピングのメリット・デメリットは全て当てはまるが，モバイル端末からのネットショッピング特有のメリットやデメリットもある。その1つとして，モバイル端末では，いつでもどこでも買い物体験ができるところにある。購入のみならず，実物の商品にあるバーコードをモバイル機器で読み取って詳細な商品情報を得たり，AR（augmented reality，拡張現実）技術を活用して商品を購入して配置や装着した実際のイメージを描いたりといった，実際の店舗との連携によって今までにはないユニークな購買活動を行うこともできるようになっている。こういった実店舗で商品を見てからネットで価格の低いものを探すといったショールーミング（showrooming）とは反対に，ウェブ上で閲覧しておいてから，実際の店舗に赴いて購入するウェブルーミング（webrooming）も注目されている。2020年のコロナ禍では，家にいながら店舗スタッフと相互コミュニケーションをして買い物体験をする「ライブコマース」も注目を浴びるようになった。

2. キャッシュレス決済

　オンライン，オフラインに限らず，決済手段においてもデジタル化，すなわち**キャッシュレス決済**が進んでいる。経済産業省商務・サービスグループキャッシュレス推進室が 2020 年 12 月に公表した一般社団法人キャッシュレス推進協議会によるキャッシュレス調査の結果によると，2020 年 10 月時点でキャッシュレス決済を全く利用したことがない割合は全体の約 13% であり，キャッシュレス決済の利用者は 9 割近くになっている。キャッシュレス決済の中で使用頻度・割合が多い順に，クレジットカード（33.5% が週 1 回以上の利用），交通系以外のプリペイド式電子マネー（18.4% が週 1 回以上の利用），スマホの QR コード・バーコード（17.7% が週 1 回以上の利用），交通系電子マネー（電車・バスでの利用は 10.7% が週 1 回以上の利用，買い物での利用は 5.0% が週 1 回以上の利用），デビットカード（2.8% が週 1 回以上の利用）となる。

　2019 年 10 月から 2020 年 6 月まで，キャッシュレス決済の際に利用者にポイントが還元される事業が展開された。それに伴って，従来比較的高かった決済手数料の引き下げも行われ，キャッシュレス化が急速に浸透したのに次いで，コロナ禍で「非接触」が求められるようになり，さらにキャッシュレス化が進んだといえよう。ここではまず，主要な電子決済手段を見てみよう。

(1) クレジットカード

　現金社会の日本では，欧米に比べて普及は緩やかであるが，それでも電子決済で一番歴史のあるものは**クレジットカード**であろう。日本では欧米のようにリボルビング払いが浸透しておらず，1 回払いのショッピ

ングからは金利収入を得にくかったクレジットカード会社は，加盟店からの決済手数料収入が主であり，その手数料の高さが普及を妨げる要因ではあった。しかしながら，ネットショッピングの普及と政府主導のキャッシュレス決済の推進，そしてコロナ禍による「非接触」のニーズにより，クレジットカード，特に IC チップ化したクレジットカードの普及が進んでいる。また，スマホを端末にタッチするだけで決済できる Apple Pay や Google Pay などとクレジットカードを紐づけることでキャッシュレスの非接触決済ができることもあって，2020 年 7 月に実施された JCB の調査によると，キャッシュレス決済は使ってみると便利だったと思ったという回答が 94.3％であった。クレジットカードを携帯して提示しなくとも，クレジットカードと紐づけるだけでスマホ 1 つで非接触で決済できることは大きな魅力となっている。

　従前からあるカードスキャン用のプラスチックカードのクレジットカードも，デジタル化によりカード上にはカード番号や有効期限，セキュリティコードを記載することなく，スマホのアプリ上のみで確認することができるようになり，紛失やカード情報の不正利用のリスクが抑えられるようになった。

（2）　電子マネー

　電子マネーの定義にはいろいろあるが，日本銀行決済機構局（2011）によると，「利用する前にチャージを行うプリペイド方式（前払方式）の電子的小口決済手段」である。この電子マネーには，IC 型のものと，サーバー型のものがある。IC 型の電子マネーは，ネットの接続がなくとも決済が可能であるが，サーバー型の電子マネーは，決済時にネットの接続が必要となってくる。

　IC 型の電子マネーには，専業型（Edy 等），鉄道会社などが発行する

交通系（Suica, ICOCA, PASMO, SUGOCA, Kitaca 等），小売流通
企業が発行する流通系（nanaco, WAON 等）の 3 種がある。どれも非
接触 IC カード型電子マネーであり，決済に専用の端末（カードリー
ダ）を必要とするのが特色である。
　クレジットカードを紐づけることによってスマホのみで決済ができる
ように，スマホを電子マネーとして利用する人も増えてきている。「**お
サイフケータイ**」や「**モバイルウォレット**」と呼ばれる機能であるが，
これは，携帯電話に埋め込まれた IC（FeliCa）チップによるもので，
電子マネーとして使われる他に，ポイントカードや乗車券・航空券，駐
車場の支払い，または劇場の鑑賞券などとしても使われている。こう
いった携帯電話による決済等の広い普及は，日本独自のものであり，他
の国では見られない現象であった。
　日本で電子マネー，特に，交通系の電子マネーが広く普及した理由の
1 つとして，日本の都市部の複雑な交通網と乗車料金の仕組みにあると
もいえる。交通系の電子マネーを使えば，事前に乗車料金がいくらかを
調べて切符を買う必要がなく，改札で電子マネーリーダーにかざすだけ
でよい，という便宜さがある。また，交通会社各社の提携により，1 社
の電子マネーがその会社の交通網でしか使えないのではなく，複数の公
共交通機関で使えるところも，便宜さを増しているところである。ま
た，日本において，こういった交通系の電子マネーが乗車券以外の小売
の店頭支払いにも広く普及した背景には，駅にある様々な小売業がシス
テムに加入し，電子マネーによる支払いを受け付けるようになった，と
いうこともあるであろう。他国に見ない，電子マネーのエコシステムが
形成されてきた，といってもよいかもしれない。
　しかしながら，デメリットとして，電子マネーのエコシステムは閉じ
られたものであり，電子マネー間での資金移動が難しいことがある。例

えば，ポイントを含めて nanaco や WAON といった流通系カードに多額の資金がたまっても，交通系の Suica や PASMO に移すにはいったん現金化しなければならず，手間がかかる。

（3） コード決済

スマホに QR コードやバーコードを表示して決済する，あるいは，店舗で表示された QR コードやバーコードを読み取って決済する**コード決済**が，特に 2019 年 10 月 1 日から 2020 年 6 月末まで実施された「キャッシュレス・ポイント還元事業」により普及が進んだ。コード決済は，あくまで支払いの手段であり，お金そのものは紐づけられたクレジットカードからチャージしたり，銀行口座から引き落としたりすることがほとんどである。

コード決済には 2 通りある。ユーザがスマホの決済アプリでコードを生成して店舗側に読み取ってもらう「利用者提示方式」，または「CPM 方式」と，店舗がコードを提示して，そのコードをユーザの決済アプリでスキャンして支払う「店舗提示方式」，または，「MPM 方式」である。前者の「利用者提示方式」では，店舗はユーザのコードを読める機能を実装した専用端末の導入が必要である一方，後者の「店舗提示」方式では，店舗側は専用端末が不要であるが，利用者が金額を入力する手間がかかる。「店舗提示」方式は専用端末が不要であるため，中小・零細の店舗が主に利用している。

2020 年になって，キャッシュレス推進協議会が定める QR コード・バーコードの共通規格である「**JPQR**」が導入されるようになり，これまで決済会社ごとに異なっていた QR コードが 1 つになり，利用者にも店舗にも便利なものとなった。

3．デジタル通貨

　デジタルデータに変換された，通貨として利用可能なものの総称を**デジタル通貨**というが，デジタル通貨には，（1）従来の法定通貨をデジタル化して通貨のように使えるようにしたもの，（2）法定通貨ではない暗号資産（仮想通貨），そして，（3）最初からデジタルの形で発行された法定通貨である中央銀行デジタル通貨（Central Bank Digital Currency, CBDC）の3種類があるといえよう。前節の「キャッシュレス決済」で取り上げたクレジットカード，電子マネー，コード決済は，（1）従来の法定通貨をデジタル化して通貨のように使えるようにしたもの，であるので，ここでは，（2）法定通貨ではない暗号資産（仮想通貨），と（3）最初からデジタルの形で発行された法定通貨である中央銀行デジタル通貨（CBDC）を取り上げる。

（1）　暗号資産（仮想通貨）

　前述したキャッシュレス決済手段はどれも法定通貨をデジタル化して通貨のように使えるようにしたものであり，取引手段は電子であるが，その背後には政府や銀行といった中央管理者が保証する制度が存在する。それに対し，中央管理者の保証がない**暗号資産（仮想通貨）**というものがある。これは英語では cryptocurrency（暗号通貨）といい，暗号技術によって管理されたデジタル通貨である。この暗号技術は**ブロックチェーン**といわれる P2P（peer to peer，ピアツーピア）型の分散型台帳で，この技術により，決済のみならず全ての取引履歴を暗号化して記憶し，その記憶された台帳がネット上に分散して存在することで，全世界のコンピュータが監視し合っていて，自律的になりすましやハッキングを防止するシステムとなっている。

　仕組みとしては，暗号資産（仮想通貨）のソフトウェアを自分のパソコンやモバイル機器にインストールして実行すると自動的に P2P 型ネットワークに接続され，ブロックチェーンの台帳の同期が始まり，それが完了すると，自分自身がノードの 1 つとなる。また，タイムスタンプを押された記録は誰にも改ざんや削除ができない非可逆的な記録となり，各ノードはブロックチェーンへの登録候補となるデータをそれぞれ独立的に検証を行うことになる。このため，一度決済にしようした貨幣的価値を二重に使用できてしまうという二重支払いの問題が解決でき，ブロックチェーンのデータは信頼できる記録となるのである。

　このブロックチェーンといわれる暗号技術は，2008 年 10 月 31 日にサトシ・ナカモト（Satoshi Nakamoto）と名乗る人物が The Cryptography というメーリングリストに投稿した論文で初めて公表され，2009 年 1 月に「ビットコイン（Bitcoins）」という名前で具現化されたものである。2010 年半ばまで，Satoshi Nakamoto と名乗る人物は自ら立ち上げたウェブサイトで他の開発者と共同でビットコインの開発に携わっていたが，その後，全てを他の開発者に託して姿を消したとされている。

　法定通貨は，日本では日本銀行が発行し，国内金融機関が日本銀行当座預金から引き出して日本銀行の窓口から通貨を受け取ることによって世の中に送り出されるが，ブロックチェーンを中核の技術とした暗号資産（仮想通貨）は，「マイニング」と呼ばれる暗号解読作業によって，通貨が発行される。マイニングの勝利者は，新しいブロックを作成して既存のブロックチェーンに接続することができ，これにより，「コインベース」と呼ばれる自分宛ての送金を含めることが許され，それがインセンティブとなる。このマイニングへの参加には何の認可も必要とはしないが，マイニングにはとてつもない性能のコンピュータが何台も必要

であり，それには莫大な電力が必要となり，個人がマイニングを行うことは不可能に近いし，採算があがらない。水力発電などで供給された電力コストが比較的安い中国ではこのマイニングの業者が乱立し，チベット高原には大きなビットコインの「採掘工場」が建設されている。

　ビットコインといった暗号資産（仮想通貨）の利点は，匿名性である。法的通貨による様々な金融取引が電子化されることにより，取引がいつどこで誰によって行われたか，といった現金取引では残らない足跡が残るようになった。しかしながら，暗号資産（仮想通貨）による決済や取引では，その場限りのハッシュアドレスが用いられ暗号化されることで信憑性が保証されているので，取引をする当事者の信用といった保証とは関係なく，取引の信憑性が保証される仕組みとなっており，取引をする者同士の匿名性も確保される。匿名性の確保といった利点があるため，暗号資産（仮想通貨）がマネーロンダリングやテロ資金といった不正な目的で使われる可能性が高く，日本では**仮想通貨法**（改正資金決済法）が 2017 年 4 月 1 日に施行され，暗号資産（仮想通貨）の取引所の登録が義務づけられるようになった。

　ビットコイン等の暗号資産（仮想通貨）の売買は，取引所や販売所で行う。ビットコイン以外のいわゆる「アルトコイン」は，世界で 2 万種類以上あるといわれており，国際送金に便利な「リップル」など，高度な機能を備えたものもある。また，2019 年 6 月には SNS の大手である Facebook 社がブロックチェーン技術を採用するデジタル通貨である「リブラ（Libra）」を発表し，複数の法定通貨を裏付け資産として発行するという構想で，注目を浴びた。しかしながら，このリブラ構想は，世界中の規制当局からの反発を招き，ある程度の規制・監督を行い，金融の安定性にリスクを及ぼさないことが十分確認されるまで全ての開発を中止するよう求められた。これに対して，Facebook 社はリブラ構想

からは一定の距離を置くことになり，それを受けて，2020年12月に名称もリブラから「ディエム（Diem）」に変更された。

（2）　中央銀行デジタル通貨（CBDC）

既存の紙幣や硬貨というアナログな法定通貨ではないが，日本銀行のような既存の中央銀行自らが発行・管理するデジタル通貨，すなわち**中央銀行デジタル通貨**（Central Bank Digital Currency, CBDC）構想が世界各国で活発化している。世界のCBDCの導入への動きを牽引している中国は，2022年の北京冬季オリンピックまでのデジタル人民元発行を目指し，2020年10月には実証実験を開始しており，スウェーデンは，デジタル通貨「eクローナ」を開発して，2021年の本格導入を目指している。

実際に運用されないと一般にはなかなかイメージしにくい面もあるが，要するに，伝統的な銀行等の金融口座に保有されている貨幣とは異なる形式のデジタルな中央銀行貨幣であるといえよう。CBDCのメリットとしては，銀行やクレジットカード会社を介さない資金分配が可能となり，手数料と時間が節約できることと，キャッシュレスのお金の動きに関して，政府等の中央機関が把握することができるようになることであろう。暗号資産（仮想通貨）の流通に関しては，政府がコントロールすることは不可能であるが，国の中央銀行が発行するCBDCであれば，国の管理下に置くことができる。

日本でも，2020年12月に，民間主体が発行する日本円に準拠するデジタル通貨を議論する「デジタル通貨フォーラム」が発足し，日本におけるデジタル法定通貨の議論が活発化している。特徴としては，共通領域と不可領域からなる二層構造のデジタル通貨を提案しているところであり，これにより，高い相互運用性と発展性の双方を兼ね備えることが

できると謳われている（デジタル通貨勉強会, 2020）。

4．シェアリングエコノミー

　ネットを介した個人間の取引（C2C の電子商取引）には，以前から中古品のオークションサービスというものがあったが，物品の売買に限らず，モノの貸し借りや，スペースや時間といった遊休資産を個人間でシェア（共有）して活用する，という**シェアリングエコノミー（共有経済活動）**の市場規模が拡大している。シェアリングエコノミーは「個人等が保有する活用可能な資産等を，インターネット上のマッチングプラットフォームを介して他の個人等も利用可能とする経済活性化活動」と定義されるが，「個人等が保有する活用可能な資産等」として，カネ，スキル，移動，モノ，スペースがあげられている（総務省, 2018）。代表的なものとして，「カネ」ではクラウドファンディング，「スキル」ではクラウドソーシング，「移動」では，カーシェアリングやサイクルシェア，「モノ」ではメルカリといったフリマアプリやレンタルサービス，「スペース」では，「Airbnb（エアビーアンドビー）」といった民泊の仲介がある。

　シェアリングエコノミーの側面として，**ソーシャルコマース**がある。ソーシャルコマースとは，「ソーシャルメディアと EC を組み合わせて販売促進を行う手法」で，SNS といったピアツーピア（すなわち，中央集権的に組織や企業を介するコマースではなく，分散型でユーザ相互のもの）でのプラットフォームを介してユーザ同士が消費活動に影響を与えながらモノやサービスを売買することである。口コミや他のユーザの評価などに影響されて消費をする，といった"ソーシャル"な部分があるという特徴を持つ。昔の知り合い同士の貸し借りや助け合いなどの延長線上にある側面もあるといえよう。

　また，モバイルコマースの普及もシェアリングエコノミーの活発化に貢献しているといえる。スマホの普及により，位置情報による情報やサービスの提供が可能となったことや，モバイルウォレットやコード決済などによるスマホ決済の普及で決済が比較的容易になったことと，いつでもどこでもアクセスできることから，リアルタイムに余っているものや欲しいものをネットで検索して売買できる時代になったといえよう。

　スキル，すなわち労働力をシェアするものとして，**クラウドソーシング**（crowdsourcing）がある。クラウドソーシングとは，不特定多数（crowd）の人に，必要とするサービスやアイデア，コンテンツ等を業務委託する（sourcing）ことである。クラウドソーシングのサービスとしては，日本では「ランサーズ」や「クラウドワークス」などが有名で，アメリカでは Amazon 社の「Amazon Mechanical Turk, AMT」がある。次の節でさらに詳しく論じるが，これらのサービスでは，仕事を依頼したいものと，労働やサービスを提供したいものとをマッチングする。また，ユーザがクラウドソーシングに参加していることを意識せずに，スキャンされた読みづらい文書をセキュリティ対策の一環としてアルファベット入力することで文書のデジタル化に貢献する reCAPTCHA といった仕組みも，クラウドソーシングの例として有名である。

　ネットを介して不特定多数の人から資金を募って起業したり，製品やサービスを開発したり，政治資金としたりする**クラウドファンディング**（crowdfunding）もシェアリングエコノミーの代表例だといえるであろう。クラウドファンディングのメリットとしては，銀行からの融資等を受けるにはハードルが高い起業家やクリエーターが簡単に資金調達をすることができ，政治家の選挙運動などにおいて大企業との癒着を心配す

ることなく民衆からの協力で莫大な資金を集めることも可能となることである。また，災害の支援金を集めることにも活用されている。ソーシャルメディアとの相性もよいため，資金調達のみならず，支援者や協力者との交流も密に行えるので，細かなニーズや要望をキャッチしやすいことが特徴である。

　デジタル経済になって人の価値観が変わりつつあり，中央集権的，権威的なものから，分散型のもの，より民主的なものがよしとされ，同時にできるだけモノを所有しないミニマムライフが広がっている。所有や消費ありきの社会システムから，シェアをして，資源の有効活用をすることが重視されるようになってきたともいえる。また，スマホやSNSの普及により，知らない者同士でも共有のためのコミュニケーションが成り立つようになったことも大きな要因であると考えられる。シェアリングエコノミーは，ユーザベースが多ければ多いほどそのプラットフォームの有用性が高まるといえる。しかしながら，経済活動そのものはプラットフォーム内にとどまらず，実際のコミュニティのソーシャルダイナミクスによるところが，シェアリングエコノミーの特徴である。

5．デジタル経済における労働

　前節で述べたように，クラウドソーシングは，シェアリングエコノミーにおいてはスキルや労働力を提供する代表的なサービスであり，それは労働形態を変えつつある。クラウドソーシング（crowdsourcing）という用語は，アメリカの雑誌「Wired」において 2006 年に初めて使われた言葉である。クラウドソーシングという用語が出てきた以前から，日本では「フリーランサー」や「フリーター」という言葉で，正社員・正職員以外の就労形態で生計を立てている人を指す言葉が注目を浴びてきていた。

　従来少数の個人の仕事であったものが，クラウドソーシングによっ
て，グローバルで安価な仕事に変わりつつある。クラウドソーシングを
アレンジする企業は，仕事を依頼したいものと，労働やサービスを提供
したいものとをマッチングするのみで，その企業自体が雇用契約をサー
ビス提供者と締結するわけではない。**ギグワーク**ともいわれ，ネット等
を通じて単発・短期の仕事を受注する働き方である。アニメーション制
作や，ウェブサイト制作，さらにはプログラミングやソフトウェア検証
等，デジタル関係の仕事がなじみやすいが，そういった職種に限らず，
家事手伝いから配達まで幅広い。主な特徴としては，比較的短時間・短
期間で仕事を完了でき，コンピュータが行うよりも人間が行った方が効
率的であるもの，といえよう。コロナ禍で急増したウーバーイーツ
（Uber Eats）の配達員は，典型的なギグワーカーである。

　前節で述べた Amazon Mechanical Turk の例を考えてみよう。これ
は，Amazon 社が 2005 年 11 月に開始したクラウドソーシングのプ
ラットフォームである。名前のメカニカル・ターク（Mechanical Turk）
の由来は何かというと，1769 年にハンガリーのヴォルフガング・フォ
ン・ケンペレン（Wolfgang von Kempelen）が開発したチェスをプレイ
する木製の機械であるが，チェスプレイヤーが機械を相手にチェスをし
ているように見せかけて，実は機械の内部に小人のチェスの達人が入っ
て操作している，というものである（図 7-5 参照）。Amazon 社の Me-
chanical Turk もこの機械と同じように，クラウドといったインター
ネットプラットフォームの裏では実際の人が労働を提供しているが，労
働を提供する人の詳細は仕事を依頼する人には分からず，ブラックボッ
クスの裏でなされているような仕組みとなっている。人工知能（AI）
が進化し続けている今日でも，現代のコンピュータでは解くことが難し
いタスクやコンピュータでは効率的ではないタスクを人力で助けるよう

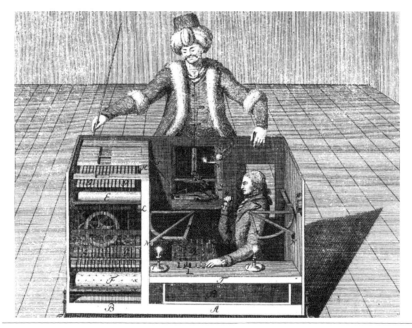

図 7-5　メカニカル・ターク
(出典：ウィキメディア・コモンズ)

になっている。Amazon 社があげている例としては，写真や動画のオ
ブジェクトの識別，データの重複除外，音声録音の転写，データの詳細
のリサーチなどがある。

　まだ日本においてはクラウドソーシングサイトを介した労働やサービ
ス提供のみで生計を立てている人は比較的少ないと思われるが，アメリ
カにおいては，様々なクラウドソーシングのプラットフォームの拡充と
ともに，社会として不可欠な労働力となってきており，企業や組織に雇
用されない労働市場が拡大しつつある。個人の働き方が多様化した１つ
の形態であるといえ，日本においても，働き方改革やコロナ禍の影響

で，ネット経由で単発の仕事を請け負うギグワークが盛んになってきている。

　アメリカで AMT 社やウーバー社を介して働いている人たちを対象とした調査もいくつか行われており，一般に AMT や Uber といったクラウドソーシングに従事する人たちは 20 代後半や 30 代といった学歴のある若者が多く，約 4 割がクラウドソーシングの仕事を生活のための主な収入源としているが，時間給の平均は 5.55 米ドルと，国が決めている最低賃金をはるかに下回っていることが分かっている。フレキシブルで自由なライフスタイルといったメリットがあり，従来の勤務形態では労働市場に参画できない人たちも働くことが可能になっている一方で，労働が分割され，仕事を依頼する人と実際に仕事をする人がプラットフォーム上のみで繋がり，福利厚生も雇用保険も実際に対面することもなく仕事が遂行されていくことは，ある意味で労働者をネジの 1 つとし搾取する非人間的な労働市場を創出しかねない。日本でも，ウーバーイーツの配達員は，アプリの利用契約にとどまり，ウーバー社の従業員とはみなされていないため，事故時の補償や示談交渉などのサービスもない。

　クラウドソーシングにより，リアルタイムでグローバルに仕事をオンデマンドで大規模に依頼することができる半面，競争が激しくなり，労働単価が下がってきている現実もある。同じ単価であっても，グローバルな市場では，開発途上国に住む人たちには比較的高いと思われるものが，開発国に住む人たちにとっては，生計を立てるのが難しいものとなる。日本における労働市場は言語の面でこういったグローバルな競争からは隔離されている面があるが，自動翻訳が急速に進化している現在，それも長くは続かないであろう。

　シェアリングエコノミーというと聞こえはよいが，実際はプラット

フォームを所有する企業が利益を得ているわけであり，「**オンデマンド経済（on-demand economy）**」（Scholz, 2016），または，「**プラットフォーム資本主義（platform capitalism）**」（Lobo, 2014）と呼んだ方が現実に合っているのかもしれない。人々の無邪気なコミュニケーションや助け合いといったスローガンの陰に，そういったコミュニケーションや共有・協働を助けるプラットフォームを所有する企業が営利を得ていることは，人々の意識の片隅に常にとどめておくべきことであろう。

6. まとめ

　デジタルメディアやネットの普及が人々の消費生活にも影響を及ぼし，消費形態を変えていることを，ネットショッピングやモバイルコマースといった購買活動，また，電子マネーやコード決済といった決済手段を例に説明した。また，暗号資産や中央銀行デジタル通貨といった新しい形のデジタル通貨，そして，シェアリングエコノミーといった社会的な経済活動動向について説明した。シェアリングエコノミーといった名の下で，プラットフォームでマッチングする新しい労働形態が広がっている中で，オンデマンド経済，プラットフォーム資本主義，と呼ばれる新しいデジタル社会のエコシステムが形成されつつあることに注意を払うべきであろう。

参考文献

Anderson, C.（2004）. "The Long Tail" Wired, October 1, 2004. https://wired.com/2004/10/tail/

Lobo, S.（2014）. "Sharing Economy Wie Bei Uber Ist Plattform-Kapitalismus," Spiegel Online, March 9, 2014, http://www.spiegel.de/netzwelt/netzpolitik/sascha-lobo-sharing-economywie-bei-uber-ist-plattform-kapitalismus-a-989584.html

Scholz, T.（2016）. *Uberworked and Underpaid: How Workers Are Disrupting the Digital Economy*. Cambridge, UK：Polity Press.

JCB（2020 年 7 月）「キャッシュレス決済に関する調査〜キャッシュレス・消費者還元事業振り返り〜」https://www.global.jcb/ja/press/2020/202008060001_others.html（確認日 2021.10.26）

総務省（2021 年）「統計 Today No. 162」https://www.stat.go.jp/info/today/162.html（確認日 2021.10.26）

総務省（2019 年）「令和元年通信利用動向調査報告書（世帯編）」https://www.soumu.go.jp/johotsusintokei/statistics/pdf/HR201900_001.pdf（確認日 2021.10.26）

総務省（2018 年）「平成 30 年情報通信白書」https://www.soumu.go.jp/johotsusintokei/whitepaper/h30.html（確認日 2021.10.26）

デジタル通貨勉強会（2020 年 11 月）「日本の決済インフラのイノベーションとデジタル通貨の可能性」https://about.decurret.com/.assets/studygroup_202011report.pdf（確認日 2021.10.26）

内閣府経済社会総合研究所（2018 年）「シェアリング・エコノミー等新分野の経済活動の計測に関する調査研究」報告書概要　https://www.esri.cao.go.jp/jp/esri/prj/hou/hou078/hou078.html（確認日 2021.10.26）

ニールセン「2020 年 7 月 7 日ニュースリリース」https://www.netratings.co.jp/news_release/2020/07/Newsrelease20200707.html（確認日 2021.10.26）

日本銀行決済機構局（2011 年）「最近の電子マネーの動向について」https://www.boj.or.jp/research/brp/ron_2011/data/ron111128a.pdf（確認日 2021.10.26）

学習課題 ─────────────────────────────

1. 自分がよく使うネットショッピングサイトの決済手段を調べてみよう。
2. 自分が使用しているキャッシュレス決済について，利点と欠点について考えてみよう。
3. デジタル通貨についての最近のニュースを調べてみよう。

8 | 学習とデジタルメディア

青木久美子

《**目標＆ポイント**》 本章では，デジタルメディアが教育・学習に及ぼす影響について，学習の場，教材，コミュニケーションツール，デジタルメディアを活用するための教育，教育のオープン化とデジタルバッジの観点から考える。デジタルメディアは，教材やコミュニケーションのツールとして教育現場で活用されるのみならず，大規模公開オンライン講座（MOOC）等の新しい教育形態やデジタルバッジといった認定によって教育方法を根本から変革する可能性も秘めている。

《**キーワード**》 GIGA スクール構想，BYOD，ハイブリッド型授業，ハイフレックス型授業，ブレンド型授業，反転授業，アクティブラーニング，公開教育資源（OER），大規模公開オンライン講座（MOOC），公式学習（formal learning），不公式学習（non-formal learning），非公式学習（informal learning），ライフロングラーニング（lifelong learning），ライフワイドラーニング（lifewide learning），コンピュータによる教育（CAI），ドナルド・ビッツァー（Donald Bitzer），シーモア・パパート（Seymour Papert），e ラーニング，オープンコースウェア（OpenCourseWare），教育資源のオープン化，ポッドキャスト，カーンアカデミー（Khan Academy），個別最適化学習，カスタマイズ学習，学習管理システム，パーソナルな学習環境，ラーニングアナリティクス，アカデミックアナリティクス，デジタルリテラシー，デジタルシチズンシップ，21 世紀スキル，デジタルバッジ

....

1．はじめに

2020 年初頭から始まった新型コロナウイルス感染拡大は，教育にも大きな影響を与えた。日本は，欧米の先進国に比べて，教育面では情報

コミュニケーション技術（ICT）の活用やデジタル化が顕著に立ち遅れ
ていたが，新型コロナウイルス感染拡大により，2020 年 4 月には学校
が突如一斉休校となり，児童生徒が通学しなくとも学習に支障が起きな
いように様々な工夫が急遽なされ，大学等においてもビデオ会議アプリ
や動画配信などを使ったオンライン授業が試行錯誤された。コロナ禍
が，教育現場や大学の在り方について考え直す契機を与えたといっても
過言ではなかろう。

　政府が 2019 年 12 月に発表した **GIGA（Global and Innovation Gateway for All）スクール構想**といわれる政策は，校内 LAN を整え，小中
学生に 1 人 1 台のパソコンなどの学習用端末，計 800 万台を 2020 年度
中に配備し，2021 年 4 月から全国一斉にスタートした。発表当初は，
2023 年度末までに配布を完了する計画であったが，新型コロナウイル
ス感染拡大を受けて 3 年前倒しした。当初は校内の通信環境整備のみの
予定であったが，児童や生徒の家庭の通信環境を整備するための費用も
予算に盛り込んだ。これにより，従来のクラス全員に同じ内容を一斉に
教える授業方法から，学内・学外においても一人一人の理解度に応じた
個別最適化学習への転換を目指している。

　日本では，GIGA スクール構想で，政府の補助により，1 人 1 台の端
末を地方自治体や学校が配布することに躍起になっているが，欧米では
私物端末を学校でも使う **BYOD（Bring Your Own Device）**が主流と
なっている。BYOD だと，家庭で使い慣れた端末で学校でも学習でき
るという利点がある半面，学校や教員側は，多様な端末に対応しなけれ
ばならず，問題があった時の対応に苦労する。GIGA スクール構想の端
末でも議論となっているのが，端末の校外使用をどれだけ許可するの
か，といったことである。配布した端末を使って学校で課された学習以
外の活動を認めて，トラブルが発生することも考えられる。児童や生徒

にデジタルリテラシーやマナー・モラルの教育をすることが必須である
のは否めない。

　大学においても，コロナ禍でやむなくオンライン授業を始めた大学が
ほとんどであったが，やってみたらオンライン授業は数多くのメリット
があることが実証され，対面とオンラインの両方を組み合わせた**ハイブ
リッド型授業**というものが注目されている。ハイブリッド型授業には，
ハイフレックス型（対面で実施する授業をオンラインでも授業できるよ
うにする）と**ブレンド型**（対面とオンラインの授業を適切に組み合わせ
る）があり，特にブレンド型授業では，コロナ禍以前から注目を浴びて
いた**反転授業**や**アクティブラーニング**が取り入れやすくなり，教育効果
が高まることが期待されている。

　教育が時代とともに変化していくのは必然であろう。教育制度も，教
育する内容も，教育する方法も，そして，それを評価する方法も，時代
に合ったものでなければ，教育というものが形骸化してしまう。イン
ターネットとデジタルメディアの普及で，年齢を問わず，いつでもどこ
でも必要に応じて様々なコンテンツにアクセスすることができ，学ぶこ
とが可能となった現在，教育というものを根本的に見直す必要が生じて
いる。

　ネットが軍事・学術研究目的のものから，商業化され一般に普及し，
巨大 e コマース産業を生み出したように，また，ウェブやソーシャルメ
ディアが初期の頃は人々のコミュニケーションを促進し民主化を促すも
のであると考えられていた時代から人々のオンライン履歴を商品とする
時代になってきたように，大学教育も OER（Open Educational Re-
sources, 公開教育資源）や MOOC（Massive Open Online Courses,
大規模公開オンライン講座）による大衆化の次に来るものとして，その
背後で大企業の利益がうごめくものになってしまうのだろうか。

　技術の発達や社会制度の変化により，今や，学びは生涯にわたって必須となってきている。学校や大学といった教育機関の中のみではカバーしきれないニーズがあるし，学びの場として不十分になってきている。デジタルメディアや情報通信技術（ICT）が我々の生活全般に深く影響を与えており，それを熟知し，効果的に使いこなすための教育が十分に行われているとは思えない。

　戦後の「大衆教育社会」の日本においては機会均等・一斉教育が重視されてきた一方，学習塾や予備校といった営利企業が日本の教育エコシステムの大きな一部を担ってきたことも否めないであろう。社会が多様化し，多様化する個性を認め合う時代には，教育も個々人の多様性を認め，個々の能力を伸ばす教育とならなければならない。多様な背景やニーズを持った人の学び，多様な場での学び，生涯における多様な学び，そして，そういった学びを可視化して職業や人間関係に生かしていく仕組み，これら全てを支える基盤がデジタル時代の教育として必要になってくる。

2．学習の場

　教育，というと，学校や大学という公式の教育機関によるものをイメージしがちであるが，学習の場には，**公式学習**（formal learning）の他にも，**不公式学習**（non-formal learning），**非公式学習**（informal learning）の3つが考えられる。公式学習とは，学校教育や大学教育といった正式に認可された教育機関において，カリキュラムに沿って行われる学習であり，不公式学習は，公開講座やカルチャーセンターといった，正式に認可された教育機関において提供される講座やセミナー等を受講したりする，単位取得等の目的ではなく，カリキュラム外で提供される教育等による学習であり，非公式学習とは，学習者が教育機関外で自ら

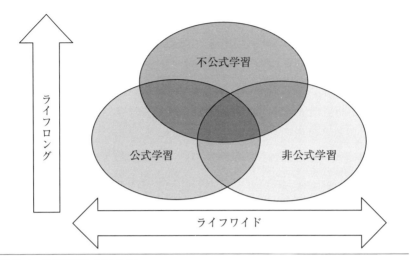

図 8-1　生涯学習の考え方
（出典：著者作成）

学習目標を設定して行う学習のことを指す。

　ライフロングラーニング（lifelong learning, **生涯学習**）は，生涯続けて学び続ける，ということでよく使われてきた用語であるが，近年では，**ライフワイドラーニング**（lifewide learning）の側面も注目されている。ライフロングが時間軸に対していつまでも学び続けることを指すのに対して，ライフワイドは，空間軸で学校や大学といった公式の場に限らず，生活の様々な場で学ぶことを指す（図 8-1 参照）。従来は，学びといえば公式の場に限って考えられてきたが，公式の場以外の場，例えば，地域コミュニティでの学び，仕事を通しての学び，スマートフォン等を通して自主的に行う学び等，人々の生活には様々な学びの形態があり，それを学びとして認定しようとする動きが出てきているのである。その背景には，オンライン上の様々な教材やコミュニケーション

ツールが存在し，学びが多様化してきていることと，公式な場の学びだ
けでは，変化の激しい今日の社会に対応しきれないことがある。

3．デジタル教材

　デジタルメディアの台頭以前のアナログメディアの時代から，メディ
アは上述の様々な場の学習や教育に深く関わってきた。1920年代のラ
ジオの登場，そして，1950年代のテレビの登場を機に，ラジオやテレ
ビを教材として活用することが，そもそもの教育や学習におけるメディ
ア活用の起源であると考えられよう。もちろん，印刷媒体もメディアと
して数えるのであれば，その起源はもっと前にさかのぼることになる
が，一般にラジオやテレビといった視聴覚放送媒体が，メディアの教育
活用の実践や研究が始まった発端となったことは確かである。

　ラジオもテレビも，当初はアナログなメディアでありデジタルメディ
アではないが，デジタルメディア，すなわち，コンピュータが教材とし
て使われ始めた背景には，ラジオやテレビの活用があり，それがコン
ピュータにかわっても，最初は，コンピュータの特性を十分に生かすも
のではなく，ラジオやテレビにおける教材としての活用方法を踏襲する
ものであった。

　コンピュータが普及するとともに，従来のラジオやテレビにおける学
習教材の提供方法，すなわち，一方的な情報の提供のみならず，インタ
ラクティブ（この場合は人と人との双方向性を指すのではなく，人間と
コンピュータ間での双方向性を指す）な活用方法が取り入れられるよう
になった。これはどういうものかというと，コンピュータのスクリーン
に提示された情報を理解し，それに対して小テストが課され，コン
ピュータ上で回答する，という**コンピュータによる教育**（computer-
assisted instruction，または，computer-aided instruction，CAI）であ

り，大学教育や企業研修等を中心に普及した。最も古いもので，1959年に米国イリノイ大学で**ドナルド・ビッツァー**（**Donald Bitzer**）によって考案された PLATO というシステムがある。PLATO はメインフレームコンピュータ（大型計算機）をベースとした CAI で，TUTOR というプログラミング言語を使って教材を作成したり，電子メモを使ってコミュニケーションを図ったりすることを可能にした。これが後の電子掲示板システムやチャットの原型になったともいえよう。その当時は，パソコンといった小型のコンピュータはなく，部屋全部を占めるような大型のコンピュータに端末が接続されており，その端末に接続されたキーボードを介して大型コンピュータを活用するという形がとられていた。80 年代になるとパソコン用の PLATO も開発され，使われるようになった。

　もう 1 つ，メインフレーム時代のコンピュータの画期的な学習ツールとして LOGO があげられる。LOGO は 1967 年に，当時米国マサチューセッツ工科大学（MIT）に勤務していた**シーモア・パパート**（**Seymour Papert**）が開発したものである。LOGO は，子供たちの思考力や問題解決能力を高めるために開発されたプログラミング言語であり，子供たちが簡単に LOGO を使ってスクリーン上のカメにいろいろなことをさせることができるようにしたものである。上記の CAI が，知識伝達のツールであったのに対し，パパートの LOGO は，子供たちに実際にコンピュータを使って創造させるという画期的なものであった。しかしながら，大変簡素なものではあるといえ，当時プログラミング言語を学習することは時間を要することであり，学校教育の正規のカリキュラムに取り入れられることはなかった。

　80 年代になり，パソコンの時代が到来し，大学や企業だけではなく，学校や一般の家庭においてもパソコンが導入されるようになり，フロッ

ピーディスクでファイルが移動できるようになると，コンピュータによる学習がさらに進化した。しかしながら，パソコンによる学習は，ドリル練習を中心としたものが主流であり，行動心理学主義的なものがほとんどであった。

　ネットは，もともとはアメリカの軍事使用のために開発されたものであったが，80 年代には大学のメインフレームコンピュータを接続した学術的なネットワークとして発展した。それが 90 年代にウェブとウェブブラウザーの発明でグラフィックなユーザインターフェース（Graphical User Interface, GUI）となると，ネットで様々なタスクを行うコマンドを記憶していなくともマウスのクリックだけで簡単にナビゲーションができるようになり，次第に一般家庭や公共施設にも普及していった。1995 年に Microsoft 社が Windows95 でウェブブラウザーを搭載するようになり，ネットへの接続がさらに容易になった。また，ネットの普及に伴い，学習者が様々な学習活動をネット上で行う「**e ラーニング**」という言葉が 1999 年から使われるようになった。e ラーニングは，企業研修においては生産性向上やコスト削減等のメリットが強調され，高等教育等の公式教育の導入においては，時間と場所に縛られない柔軟性のメリットが大きいと考えられた。

　2000 年代に入り，ネットの教育活用が注目を集めるようになり，アメリカを中心に世界でバーチャルスクールやバーチャル大学といった試みがネットのブームとともに見られるようになった。また，大学の講義における資料等をウェブ上で公開したり，講義のビデオ映像を流したりする試みも始められるようになった。米国マサチューセッツ工科大学（MIT）が 2002 年にパイロットサイトを立ち上げた**オープンコースウェア**（**OpenCourseWare, OCW**）は，従来，登録した学生のみに限られていた授業内容をネット上で公開する，という画期的な試みであ

り，全世界の注目を浴びた。当初は 32 科目であったオープンコースウェアの科目数が，2010 年には 1000 を超えるようになった。2010 年以降は，後述する MOOC（Massive Open Online Courses, 大規模公開オンライン講座）の台頭により，OCW の注目度は下火となっていったが，世界中の新型コロナウイルス感染拡大による休校等で再び注目されるようになり，2020 年 4〜5 月の OCW の訪問数は，前年度より 75% 増加し，全体の 7 割以上の訪問者がアメリカ以外に居住する人であることが，MIT OCW の年次報告書で報告されている。この年次報告書によると 2021 年 1 月現在 145 科目のフルビデオ講義がアップされており，平均 200 万人が毎月 OCW にアクセスし，世界で 2 億 1000 万人あまりがこれまで OCW にアクセスしたことがある（MIT, 2021）。

　MIT のこの OCW 活動を受けて，2002 年に国際連合教育科学文化機関（UNESCO, ユネスコ）が，**教育資源のオープン化**を提唱し，それを受けて，アメリカのみならず，欧州や他の地域の大学においても授業の公開を始めるようになった。日本においても，大阪大学，京都大学，慶應義塾大学，東京工業大学，東京大学，早稲田大学の 6 大学で，JOCW（日本オープンコースウェアコンソーシアム）が 2005 年に設立された。その後，正会員 20 団体となったが，OCW のみならず，国際的なオープンエデュケーション活動の普及に寄与することを目的に，2020 年 2 月に JOCW はオープンエデュケーション・ジャパン（OEジャパン）と名称変更した。

　OCW の動きと並行して，ネット上で音声や動画を公開する一形式として教育分野で注目を浴びるようになったのが，**ポッドキャスト**である。ポッドキャストは，Apple 社のポータブルマルチメディアプレーヤーである iPod のポッドと放送を意味する英語のブロードキャスト（broadcast）を組み合わせた造語であり，プラットフォームにアクセス

した人がスマホやポータブルデジタルプレーヤーで聴くことのできるデジタル音声ファイルである。録音した講義を，ポータブルプレーヤーで視聴することによる授業の予習・復習を行ったり，また，公開された講義を視聴したりして学習することも可能である。

　ネットやウェブの特徴は，誰もが情報発信者になることができるところにある。ネット以前には，基本的に，印刷媒体や放送媒体でしか情報を流通させることができなかったのが，ネットやウェブの到来により，大企業やメディア企業でなくともメッセージやコンテンツを一般に公開することができるようになった。これが教育や学習に意味するところは大きい。なぜなら，今まで一部の限られた専門家のみしかアクセスできなかった学習コンテンツが簡単に入手可能となったからである。それまでは，貴重な情報や知識を，教員や教科書といった何らかの媒体を通して伝達するという教育や学習が行われていたのに対し，学習する側が自ら情報を検索し，入手し，学習することができるようになったのである。

　無料の学習教材として世界中の脚光を浴びた**カーンアカデミー（Khan Academy）**は，7 万以上の教材（ビデオ教材，記事，小テスト等）を有し，英語以外にも日本語を含む 46 の言語の無料教材をウェブサイトで公開している。日本語に関しては，字幕版のみならず，日本語吹き替え版もある。カーンアカデミーは，創立者であるサルマン・カーン（Salman Khan）が，もともと遠隔地にいる従妹に算数を教えるために作成したビデオを初めとして，算数・科学・経済といった科目の内容を 10〜15 分程度でボードに手書きで数式や図式を書きながら分かりやすく説明したものを動画にして YouTube で公開したことから，拡大していったものである。オンライン上で視聴できる動画とともに，演習問題等のソフトや，よい成績を修めたものにはバッジを与えるといった

サービスも提供し，そのシンプルさと分かりやすさで，人気を集めてきた。

　学習者の自習用のみならず，教育者もカーンアカデミーのビデオ教材を活用して，いわゆる**反転授業（flipped classroom）**を行うといった動きが，欧米を中心に広まりつつある。これはどういうことかというと，通常授業時間に行う講義を動画にして学習者に事前に視聴してもらい，実際の授業時間は，質疑応答や演習，ディスカッションといったインタラクティブな活動に費やすといった趣旨のものである。なぜこれを反転授業というかというと，従来は授業時間に講義を行い，演習等は宿題として授業後に行う，という流れを逆にするものであるからである。これにより，学習者は授業内容を事前に自分の好きなペースで予習し，理解できなかった部分などを授業でじっくり掘り下げることができるようになる。

　こういった流れの中で，現在，学校や大学といった公式な場での教育や学習に対する見直しが迫られている。特に，教師から生徒や学生への知識伝達といった今までの教育方法はデジタルメディアの時代の教育には不適切だと批判され，学習者が自ら問題を発見し，情報を収集し，他者と意見を交わす過程を経て知識を構築していく学習への変換が求められている。この動きの１つに，**個別最適化学習（personalized learning）**や**カスタマイズ学習（customized learning）**というものがある。

　アメリカ等の一部の学校では，個別最適化学習の実践が普及しており，教室の授業においても，一斉に授業中に児童や生徒が皆先生の話を聞くのではなく，能力別のグループに分かれてグループプロジェクトを行ったり，各児童や生徒の学習達成度に応じて，その児童や生徒に合った教材を提供して学習させたりするといった試みが多く行われている。それには，タブレット端末や**学習管理システム（learning management** systems, LMS）といったものが不可欠になってきており，それらを用いて，個々の学習者のニーズに合ったフレキシブルな教育を提供するという仕組みが構築されつつある。

　しかしながら，通常，学習管理システム（LMS）は教育機関がその機関で実施する授業のために提供するものであって，非公式や不公式な学習を含む学習者の全ての生涯学習のニーズに対応するものではない。そこで出てきた概念が**パーソナルな学習環境**（personal learning environment, PLE）であり，それをモバイル端末で実現するものがモバイル PLE である。

　パーソナルな学習環境を実現するためには，**ラーニングアナリティクス**が欠かせない。ラーニングアナリティクスとは，学習者の学習体験を最適化するために，学習者のデータを収集・分析することを指すが，学習者のデータを分析すること自体は，決して新しいことではない。ラーニングアナリティクスが，学習者の学習経験を最適化することを目的としているものに対して，**アカデミックアナリティクス**は，教育機関の効率化のためにデータを収集・分析することを指す。

4．学習・教育のコミュニケーションツール

　前節では，学習者が学習するための教材の様々な形を紹介したが，学習や教育には，学習者の教材へのアクセスのみならず，学ぶ側と教える側のコミュニケーション，さらには学習者同士のコミュニケーションも大変重要である。対面の学びの場においては，対面でコミュニケーションが図れるため，ツールを活用する必要がないが，オンラインやリモートの学習では，教員や他の学習者とコミュニケーションを図るためのツールが必要になってくる。

　こういったコミュニケーションのツールには，同期のものと非同期の

ものがある。同期のコミュニケーションとは，複数人が同時にツールを使ってコミュニケーションを図ることで，その例として，チャット，電話，ビデオ会議，Web 会議などがある。2020 年に始まったコロナ禍で頻繁に使われた Web 会議アプリの Zoom は，同期のコミュニケーションツールの典型例である。一方で，非同期のコミュニケーションとは，コミュニケーションを図るものが同時にツールを使わなくてもコミュニケーションが図れる，すなわち，メッセージの送信と受信がリアルタイムでなくても図れるコミュニケーションを指す。同期のコミュニケーションは臨場感があり，すぐに返答を得られることが長所としてあげられる一方，コミュニケーションを行う時間を事前に設定して行わないといけない場合が多い。非同期のコミュニケーションでは，送信したメッセージがいつ受け手に届くか分からない半面，メッセージの送り手も受け手も，都合のよい時間にコミュニケーションを図ることができることが利点である。

　従来，通信教育や遠隔教育といった対面で行われない教育は，教員と学習者，および，学習者間のコミュニケーションというものが希薄になりがちであるが，ネットを活用することによって，遠隔においてでも同期や非同期のコミュニケーションが図れるようになるのである。教員に電話をして質問をする，あるいは，手紙やファックスにて質問をする，ということは，生徒や学生にとってハードルの高い行為であったが，電子メールや LMS 上で質問をすることは，質問の受け手が，自分の都合のよい時間や場所で回答をすることができることから，比較的ハードルの低いものとなった。また，コロナ禍のオンライン授業で盛んに活用された Zoom 等の同時双方向 Web 会議においても，ほとんどの Web 会議システムにおいて，カメラやマイクを通じて質問をするだけではなく，チャット機能も併設しており，教員の講義や説明を聞きながら，教

員だけに文字チャットで質問ができたり，全員に向けてコメントや質問が文字入力でできたりすることから，対面の授業に比べて「質問がしやすい」と思う学習者が多いことも様々な調査から明らかになっている。

　社会構成主義的な考え方，すなわち，学ぶことは本来社会的な活動であり，他者とのインタラクションによって人は学びを深める，といった考え方に基づくと，学習において他者とのコミュニケーションは必須になってくる。ウェブ上のツールやサービスには，ユーザ間のコミュニケーションやコラボレーションを促進するものが多々あり，社会構成主義的な考え方に基づく学習に最適であると考えられている。非同期コミュニケーションにおいては，フォーラムやディスカッションボードという形で学習者間のコミュニケーションが可能であるし，同期型のWeb 会議授業においても，近年のシステムでは，参加者のみの小グループをいくつか設けてグループディスカッションを可能とする機能があり，遠隔においても，社会構成主義的な学びが可能となってきている。さらにオンライン上のツールを活用すれば地理的制限なく参加できることから，より進んだ学びを可能とするとも考えられている。

5．デジタルメディアを活用するための教育

　ここまでは，デジタルメディアが教材やコミュニケーションツールとしてどのように学習や教育に使われているのかを述べた。デジタルメディアが日常生活に浸透し，それを使いこなすことによって生活が便利になったり改善されたりするのであれば，使いこなせるようになることは生活の質の向上のために重要なことになってくる。特に，コロナ禍においては，リモートで様々な活動が行われ，デジタルメディアを使いこなせる人とそうでない人の差が顕著になったといえるであろう。そこで，本節では，デジタルリテラシー，また，デジタルシチズンシップ

（digital citizenship）といわれているものについて考えてみる。

　まず，**デジタルリテラシー**であるが，デジタルなリテラシーとは一体何なのであろうか。リテラシーとは，もともと読み書きができる能力を指していた。ネットが普及する以前は，新聞・書籍・ラジオ・テレビ・映画，といったマスメディアが人々の日々の情報源であり，印刷媒体や視聴覚メディアといった媒体によるものであった。しかしながら，ネット，さらにソーシャルメディアが普及した今日の情報社会で責任ある社会の一員として生活していくには，そういったメディアの特性を理解して，巧みに使いこなしてコミュニケーションを図っていく能力が必要になってきている。

　ネット以前のマスメディアの時代には，一般人は情報の受身的な消費者であったが，ソーシャルメディアの普及により多大な情報へのアクセスが可能になったのみならず，そういった情報を管理し発信するための様々なツールやサービスが無料又は安価に入手できるようになり，自ら情報の発信者となりえるようになった。それには，適切な情報を収集し，管理し，理解し，評価し，統合し，他者と共有する，という能力が求められる。デジタルな情報は，文字情報だけでなく，画像・動画・音声・音楽といった多様な形で存在し，それを効果的に検索し，収集し，解釈し，適切なツールを活用して，自分なりに発信することが求められている。また，スキルのみならず，プライベートな場とパブリックな場が交錯するソーシャルメディアにおいて，セキュリティ問題，プライバシー問題や著作権問題を理解し，適切な行動を取る態度も必要とされる。

　デジタルリテラシーは，さらには，デジタルな時代での学習能力にも関係してくる。教育資源のオープン化で様々な教育コンテンツがウェブ上でアクセス可能であるし，e ラーニングやオンライン教育等が盛んに

行われ始めている中，学習者のデジタルリテラシーがなければ，十分に学習することもできない。デジタルリテラシーの格差が教育の格差に繋がることにもなる。

　また，デジタルリテラシーは世代によっても違ってくる。ネットが普及する以前に生まれた世代と，物心ついた時からネットが当たり前の日常である世代とでは，自ずとデジタルリテラシーが違ってくる。後者であるデジタルネイティブと前者のデジタル移民とはもともとの出発点が違うのである。

　デジタルリテラシーには，ビジュアルリテラシー（photo-visual literacy）・再現リテラシー（reproduction literacy）・分岐リテラシー（branching literacy）・情報リテラシー（information literacy）・ソーシャルリテラシー（socio-emotional literacy）の 5 つの技能領域があるといわれている（Eshet-Alkalai, 2004）。ビジュアルリテラシーとは，視覚的な情報を効果的に読み取る能力で，再現リテラシーとは，既在のものを活用して新しいものを作り出す能力で，分岐リテラシーとは，ノンリニアな情報を上手にナビゲートする能力で，情報リテラシーとは，オンライン上の情報を評価する能力であり，ソーシャルリテラシーとは，デジタルメディアを効果的に使って他者とコミュニケーションを図る能力である。

　このようにデジタルリテラシー教育がデジタルメディアを活用する能力を向上させることを目的とするのに対し，デジタルシチズンシップ教育という包括的な態度や行動規範を指す方向性がある。**デジタルシチズンシップ（digital citizenship）** とは，テクノロジーの活用に際しての行動規範を指す。デジタルシチズンシップには 4 つのカテゴリーがある（Choi et al., 2017）。それは，（1）デジタル倫理，（2）メディア・情報リテラシー，（3）参加・エンゲージメント，（4）クリティカルな抵

抗，である。（1）デジタル倫理とは，オンライン上で節度ある行動を取ることである。ネット上のいじめや誹謗中傷が度々ニュースとなる中，倫理規範に則ってデジタルメディアを活用することは，教育として重要な側面であるという認識が高まっている。（2）メディア・情報リテラシーとは，オンライン上の情報に効果的にアクセスし，情報を正しく評価し，他者とコミュニケーションを図ったり，協働作業を行ったりする能力を指す。フェイクニュースやデマが拡散しやすいソーシャルメディア上で，信頼できる情報を見極めることが求められている。（3）参加・エンゲージメントとは，興味関心に応じて，政治的・経済的・社会的・文化的な活動を行う姿勢を指す。一人一人がグローバルな市民であることを自覚して，よりよい社会を目指す活動に参加する姿勢である。（4）クリティカルな抵抗とは，既存の体制をクリティカルな視点で評価し，社会的正義の実現を目指すことを指す。情報をうのみにするのではなく，批判的な眼を養って，背後にある文脈を読み取っていくことであるともいえる。

　デジタルリテラシーやデジタルシチズンシップと類似した概念に **21世紀型スキル**（21st Century Skills）というものがある。これは，情報社会である21世紀では，工業化社会である20世紀では求められていなかったスキルが求められるようになってきていることを前提としており，デジタルリテラシーやデジタルシチズンシップがICTといったテクノロジーを活用する能力を中心に捉えられているのに対して，テクノロジーを超えた広い範囲で定義されている。米国ハーバード大学の教職大学院教授であるクリス・ディード（Chris Dede）によると，21世紀型スキルは，（1）基礎教科知識，（2）21世紀型内容，（3）学習と思考の能力，（4）ICTリテラシー，（5）ライフスキル，の5種類のスキルに分類されるという。以下にそれぞれのスキルについて簡単に説明

する。

（1）　基礎教科知識（Core subjects）：国語，読み書き，算数，科学，外国語，政治経済，芸術，歴史，地理等に関する知識。

（2）　21 世紀型内容（21st century content）：学校教育の正式な教科とはなっていない，グローバルな認識，財政，経済，経営，企業家精神，市民としてのリテラシー，健康等に関する知識。

（3）　学習と思考の能力（Learning and thinking skills）：生涯にわたって学び続け，学んだことを効果的に活用する能力。また，クリティカルな思考，問題解決能力，コミュニケーションスキル，創造力，イノベーション，コラボレーションスキル，ある状況下で学ぶ能力，情報メディアリテラシースキル。

（4）　ICT リテラシー（ICT literacy）：基礎教科の学習に際して，テクノロジーを活用して 21 世紀型内容の知識やスキルを発揮する能力。

（5）　ライフスキル（Life skills）：リーダーシップ，倫理，説明責任，適応性，生産性，責任感，ソーシャルスキル，自立心，社会的責任等。

　他にも 21 世紀型スキルは，様々な団体や研究者が独自に定義・分類しており，上記の分類に限らないが，用語は違っていても，ほとんどの分類において，特に上記の（3）（4）（5）の内容はカバーしている。

6. MOOC とデジタルバッジ

　デジタルメディアが教育に与えている影響の大きな流れとして，デジタルな教育資源のオープン化がさらに進み，**MOOC（大規模公開オンライン講座，Massive Open Online Courses）**と呼ばれるオンライン講座のように，大学の教員や専門家による授業がネット上で大衆に無料で提供されるようになり，地理的・組織的枠にとらわれずに，学習者が履

修したい科目を世界中の大学が提供しているコースから選べるようになり，学習の機会がより増えたということがある。

　MOOC 等のオンライン教材で学習した成果や習得した知識やスキルを分かりやすく提示するために**デジタルバッジ**というものがある。デジタルバッジは，学習者が自らのブログや SNS に提示したり，電子履歴書やポートフォリオに掲載したりすることができる電子の印である。アメリカを中心に世界中に広がっているビジネスネットワークの SNS である LinkedIn のプロフィールなどで取得したデジタルバッジを提示することによって，潜在的な雇用者にアピールすることが可能なだけでなく，バッジの発行元とリンクしてデジタルバッジの内容や詳細を提示することでバッジの信憑性を保証することができることから，就職活動時に有利に働くことも考えられる。

　公式な教育機関で履修して修了した科目に限らず，学んだ知識や技能を可視化しようとする試みがデジタルバッジで，様々な粒度で発行することができ，従来の教育制度の枠外の学びを認定しようとするものでもある。デジタルバッジには，達成した学習成果やバッジを得た状況や過程，成果物や学習経験の質やバッジの発行元等の情報がメタデータとして埋め込まれており，様々な形でエビデンスが提示できるようになっていて，デジタルバッジの信憑性を保証することができる仕組みになっている。標準化された仕組みがあることによって，学習成果や修得した知識や技能のコミュニケーションが容易になり，ゲーム感覚でバッジを収集して広く提示することができるため，さらなる学びのモチベーション向上にも繋がると考えられている。

　デジタルバッジのシステムが標準化され，機関や組織の壁を越えて使われるようになると，今まで煩雑であった単位互換等も容易になり，また，様々な形の学びが認められ，学習者もそれを一括して提示できるよ

うになる。もちろん，どんなに様々なバッジが作られ提供されようとも，それが広く認知されなければ社会に通用せずに学習者の自己満足にとどまり，有用性も低くなる。しかしながら，特定のバッジが，そのバッジの保持者の実質的な知識や能力を証明するものである，という社会的認識が高まれば，バッジを取得することのインセンティブも高まり，またバッジ自体の価値も高まる。

　また，デジタルバッジは様々なスキルやコンピテンシーに関して与えることが可能であるため，前節で説明したデジタルリテラシーやデジタルシチズンシップ，あるいは，21 世紀型スキルといったような，従来公式な教育の学位や資格では可視化されにくかったものに対して，同僚や上司，クラスメート等からの評価や承認といった形でバッジとして可視化することも可能である。また，SNS 上でプロフィール等とリンクすることによって，ユーザがオンライン上でアイデンティティを形成する一端を担うこともできる。そういった意味で，デジタルバッジは，新しい形の評価，ステータスの表示や学習成果の提示，といったことを可能にするだけではなく，デジタルバッジを通して，同じ関心や資質を持つ人々のコミュニティ形成にも役立つともいえる。

7．まとめ

　教育のデジタル化，すなわち，オンライン教材の提供や教育サービスの提供が進むことにより，教育の在り方というものが根本的に見直されつつある。また，学習する側も，学習の前提条件としてデジタルリテラシーといったものが求められる時代になっている。オンライン上で様々な情報に簡単にアクセスできるようになった今日，従来の情報伝達型の教育は時代にそぐわないと考えられ始めている。自ら問題意識を持って主体的に学ぶ者にとっては学習機会に恵まれた好環境であるが，反対

に，主体的に学ぶ意欲のない者にとっては，情報の渦に巻き込まれかねない状況でもある。今後，デジタルメディアを使いこなして学習できる者とできない者との教育格差をどのようにして解消していくのかが課題となるであろうし，多様な学びをどのように評価して可視化するのかが，教育機関には問われるようになってくるであろう。

参考文献

Choi, M. Glassman, M. & Cristol, D.（2017）. What it means to be a citizen in the internet age：Development of a reliable and valid digital citizenship scale. *Computers & Education, 107*. 100-112.

Dede, C.（2010）. Comparing Frameworks for 21st Century Skills. In Bellanca, J. & Brandt, R.（Eds.）*21st Century Skills: Rethinking How Students Learn*（pp. 50-75）. Bloomington, IN：Solution Tree Press.

Eshet-Alkalai, Y.（2004）. Digital literacy：A conceptual framework for survival skills in the digital era. *Journal of Educational Multimedia and Hypermedia, 13*, 93-106.

苅谷剛彦『大衆教育社会のゆくえ—学歴主義と平等神話の戦後史』（中央公論新社，1995）

MIT.（2021）. 2020 OCW Impact Report. https://ocw.mit.edu/about/site-statistics/2020-19_OCW_supporters_impact_report.pdf（確認日 2021.10.26）

学習課題

1. 自らが体験したことのあるオンライン講座にはどのようなものがあるのか，考えてみよう。
2. ライフワイドラーニングとして，どのような学びがあるのか考えてみよう。
3. JMOOC に登録してオンラインの無料講座を受講してみよう。

9 娯楽とデジタルメディア

高橋秀明

《**目標＆ポイント**》 娯楽とは，広く深い世界である。本章では，まず娯楽とは何かを考え，次に日常生活の娯楽においてデジタルメディアがどのような形で利用されているかについて，事例を紹介しながら見ていく。
《**キーワード**》 デジタル・アーカイブ，消費者生成メディア（CGM），N 次創作物

1. はじめに

　娯楽を定義するのは難しい。類似の概念として，遊び，レジャー，レクリエーションなどがある。語源を簡単に振り返ると，レクリエーションとは心身の緊張緩和やリフレッシュという意味であるのに対して，レジャーとは自由な時間に行う活動という意味である。遊びとは，日常生活と対極にあるものであり，自由で非生産的で無目的なものである。本科目は情報学の科目であるので，実用的な意味も含めて，娯楽についても第2章「日常生活とは」で参照した NHK 放送文化研究所「2020年国民生活時間調査」を再び見てみよう。この調査では，日常生活を（1）必需行動，（2）拘束行動，（3）自由行動の3つに分類している。このうち「（3）自由行動」が最も広い意味での娯楽といってよいであろう。この調査において，自由行動は「人間性を維持向上させるために行う自由裁量性の高い行動。マスメディア接触，積極的活動であるレジャー活動，人と会うこと・話すことが中心の会話・交際，心身を休めることが中心の休息，からなる」と定義されており，さらに，表9-1の

表9-1　自由行動の詳細

大分類	中分類	小分類	具体例
自由行動	会話・交際	会話・交際	家族・友人・知人・親戚とのつきあい、おしゃべり、電話、電子メール、家族・友人・知人とのインターネットでのやりとり
	レジャー活動	スポーツ	体操、運動、各種スポーツ、ボール遊び
		行楽・散策	行楽地・繁華街へ行く、街をぶらぶら歩く、散歩、釣り
		趣味・娯楽・教養（インターネット除く）	趣味・けいこごと・習いごと、観賞、観戦、遊び、ゲーム
		趣味・娯楽・教養のインターネット（動画除く）	趣味・娯楽としてインターネットやSNSを使う*
	マスメディア接触	インターネット動画	インターネット経由の動画を見る
		テレビ	BS、CS、CATV、ワンセグの視聴も含む
		録画番組・DVD	録画したテレビ番組や、DVD・ブルーレイディスクを見る
		ラジオ	らじる★らじる、radiko（ラジコ）からの聴取も含む
		新聞	朝刊・夕刊・業界紙・広報紙を読む（チラシ・電子版も含む）
		雑誌・マンガ・本	週刊誌・月刊誌・マンガ・本を読む（カタログ・電子版も含む）
		音楽	CD・テープ・レコード・インターネット配信などラジオ以外で音楽を聞く
	休息	休息	休憩、おやつ、お茶、特に何もしていない状態

＊仕事や家事、学業上の利用は、それぞれ「仕事」「家事」「学業」に分類。メールやLINEなどのやりとりは「会話・交際」に分類。

（出典：渡辺・伊藤・築比地・平田（2021）の表1から作成）

ように具体的に列挙されている。

　こうした調査にインターネットやパソコンなどのデジタルメディアがあげられていることから，デジタルメディアが娯楽の 1 つとして認知されていることが容易に理解できるだろう。

　しかし，こうした分類はあくまでも娯楽を「する」立場からの分類である。娯楽を作る，または提供する立場から見ると，こうした行動は何らかの収入を得るための行動，つまり「仕事＝拘束行動」とみなすこともできる。例えば，遊園地などの行楽地で働く人の立場から，遊園地を訪れることは仕事であり拘束行動になるわけである。本章では主に「娯楽をする」立場から，デジタルメディアの活用について考察することとする。

　本論に進む前に，若干の補足をしておく。この分類で「レジャー活動」の中の「スポーツ」としてあげられている活動については，第 11 章「健康とデジタルメディア」として取り上げることが可能である。すなわち，スポーツは「健康を維持する活動」として捉えることもできる。

　また，同じ分類にある「マスメディア接触」の中の「テレビ」「ビデオ」については，日常生活における代表的な娯楽である。日本においてテレビがスタートしたのは NHK（日本放送協会）がテレビ放送を開始した 1953 年であり，実用化されて久しい。2012 年に日本全国でテレビは完全デジタル化へと移行した。デジタル化されたテレビは，デジタルメディアの娯楽を代表するものといってもよいだろう。

　コンピュータなどの ICT 機器から出力される静止画や動画を表示するためのハードウェアや規格については，技術革新の激しい分野といえる。同時に，静止画や動画のデータを記録するためのメディアについても，デジタル化がめざましい分野といえる。

　ビデオについても，ビデオテープなどの磁気メディアから，CD,
DVD, Blu-ray さらには HD などの光学メディアに映像記録方式が変わ
り，こちらもデジタル化がめざましい分野といえる。

　さらに，全てのテレビ放送を完全に録画する，再生の仕方を自由に決
められるなど，デジタル化したことによって視聴行動の自由度も上がっ
ている。また，テレビ放送の生放送を放送している際に視聴者からの評
価やコメントを同時に放送したり，生放送を視聴している際に SNS を
利用してコミュニティで同じ放送を楽しむということも行われている。
テレビもビデオも，後述する楽曲や本と同様に，コンテンツを記録し，
感想やコメントを他人と共有することも容易に可能になっている。

2. 趣味とデジタルメディア

　趣味の世界は広く深い。このことを「鉄道」を例にして説明してみよ
う。鉄道というと，どちらかというと男性のマニアックな趣味の世界と
いうイメージを持つ読者も多いと思うが，「鉄子」という言葉もあるよ
うに女性にもその裾野が広がっている（酒井，2006）。また，子供の時
から大好きな趣味の対象の1つとなっている（弘田，2011）。そして，
ある程度の人数の人々がコミュニティを形成することで，趣味の世界は
自己増殖していく（辻，2013）。鉄道という趣味を巡っては，その趣味
について知ったり，実際に実行したり，コミュニティでの活動をしたり
するために，様々な（デジタル）メディアが使われている。

　オンライン百科事典の Wikipedia で「鉄道ファン」を検索してみよう
（確認日　2021.2.26）。すると次のような項目に分かれている。
・車両研究（車両鉄）
　・車両分類
　・車歴

- ・装置
- ・内装
- ・編成
- ・鉄道撮影（撮り鉄）
- ・録音・音響研究：音声音響研究（音鉄・録り鉄）
  - ・発車メロディ・ベル
  - ・車内放送
  - ・駅自動放送
  - ・走行音
  - ・警笛
  - ・機器動作音
- ・鉄道模型
- ・コレクション（収集鉄）
  - ・切符
  - ・駅スタンプ
  - ・鉄道車両や各種設備の部品など
- ・旅行・乗車
  - ・鉄道旅行（乗り鉄）
    - ・鉄道路線の乗り潰し
    - ・かぶりつき
      - ・展望ビデオ
  - ・途中下車の旅，全駅下車（降り鉄）
  - ・駅弁の探訪・掛け紙の収集（駅弁鉄）
    - ・駅そば・うどん店の探訪
- ・時刻表・駅研究
  - ・時刻表収集・ダイヤグラム分析（時刻表鉄）

- ・駅の構造研究
- ・駅名研究
- ・駅巡り・全駅制覇
- ・駅名標撮影
- ・施設設備・運転業務研究
  - ・鉄道業務・設備の研究
    - ・運用
    - ・配線
    - ・鉄道施設
    - ・駅務機器
  - ・鉄道無線の受信や研究
    - ・鉄道工学の調査研究
    - ・保安装置，鉄道の安全にかかわる研究
- ・鉄道関連法規・規則研究
  - ・鉄道要覧の研究
  - ・鉄道会社の発行する有価証券報告書の研究
  - ・旅客営業規則・旅客営業取扱基準規程研究
  - ・鉄道事業会計規則研究
  - ・鉄道に関わる法規の研究
- ・その他
  - ・鉄道ソフトウェア
    - ・運転シミュレーションゲーム
    - ・経営シミュレーションゲーム
  - ・創作
    - ・鉄道を題材とした漫画・小説・随筆等の制作
    - ・鉄道絵画（描き鉄）

　　　・架空鉄道
　・鉄道会社への株式投資
　・廃線跡・未成線・廃駅の探訪
　・鉄道の保存

　このように趣味としての「鉄道」は細分化して領域が存在していることを知ることができる。このうち例えば，鉄道撮影や録音・音響研究の領域で，デジタルカメラや IC レコーダなどのデジタルメディアが使用されていることは容易に想像できる。そして，自らの作品を投稿して発表するウェブサイトもある。また，鉄道ソフトウェアには，運転シミュレーションゲームばかりでなく，経営シミュレーションゲームがあり，デジタルメディアが娯楽の世界を広げているといえるだろう。

　鉄道を題材とした絵本は，明治 30 年代から日本に存在しているという（弘田，2011）。「機関車トーマス」に代表されるように擬人化された鉄道や機関車もあり，そのキャラクターの関連商品もたくさん開発されている。そして，鉄道を題材としたコンテンツもたくさんあり，その多くがデジタルメディアとして流通している。

　「鉄道」1 つを取っても，娯楽の世界は広く深い。同じ世界が広がるデジタルメディアも同様である。近年ではある特定の趣味をテーマにしたウェブサイトが様々に存在するため，専門家と素人の境界線が曖昧になってきていることも指摘しておくべきだろう。

　もう 1 つ，表 9-1 では「マスメディア接触」という項目にあたるが，趣味の代表例として「音楽を聴く」「読書」を考えてみよう。これらの行動は同じようにデジタルメディアの出現によって大きな影響を受けているが，特に技術革新が速い分野でもあり，長い期間で利用する本テキストのテーマでは取り上げにくい内容でもある。

「音楽を聴く」という行動は，もちろん生演奏を聴くという場合もあるが，多くは何らかのメディアを介して音楽を聴いている。メディアについては，レコードやカセットテープから CD に至るまで，今までは記録メディアをプレーヤーに入れて音楽を聴くことが一般的であった。ところが iPod（アイポッド）などのデジタルオーディオプレーヤーの登場により，音楽を楽しむ方法が大きな変化を迎えたといわれる。端的にいえば，楽曲などのコンテンツをネットワーク上の販売サイトで購入してダウンロードして聴くということが実現した。もはや音楽を聴くのに記録メディアを介する必要性がなくなってきているのである。

同じことが読書にもいえる。紙の本という形で流通しているものを書店で購入し，手に取って楽しむのが読書である。しかし，本（電子書籍）というデジタルコンテンツを販売サイトからダウンロードして，スマートフォンやタブレット端末，あるいは読書専用端末などで読むこともできるようになった。電子書籍を購入するためだけではなく，読書を記録し，他人と感想を共有するためにデジタルメディアが利用されている。

このように楽曲や本がデジタル化されることにより，音楽や本もユーザが一方的に受け取って消費するだけではなくなりつつある。詳しくは後述するが，ユーザが自らコンテンツを創作し発表することも容易になってきているのである。こういった娯楽領域における今後の技術革新の行方から目を離すことはできない。このことは，人間がコンテンツを表現したり理解したりすること自体についての研究が，今後ますます必要になっていくであろうことを示している。たとえば，是永(2017)のエスノメソドロジーの観点からの研究や，高橋・山本(2002)のメディア心理学の観点からの研究などがある。

3．ゲームとデジタルメディア

　前述のテレビは人間の五感のうち，視聴覚を使うメディアであるが，嗅覚，味覚，触覚といった視聴覚以外の感覚についての工学的な研究も進んでいる。視聴覚以外の感覚を取り入れた「娯楽」のデジタルメディアとして，例えば任天堂の家庭用ゲーム機「Wii（ウィー）」がある。「Wii」はコントローラーを振ったりひねったりすることで，ユーザの動きを取り入れて直感的にプレイすることができる。視聴覚以外の感覚に訴える，比較的新しい娯楽をするデジタルメディアとして，記憶に残っている読者も多いだろう。

　同じように，コントローラーを用いずにジェスチャーや音声認識によって直感的で自然なプレイができる，Microsoft 社の「Kinect（キネクト）」も新しい感覚を取り入れたゲーム機の 1 つだろう。「Kinect」は，主にプレイヤーの動きを読み取って合成するモーションキャプチャという高度な技術を使用しており，デジタルメディアの新しい感覚を持つ娯楽の可能性を生み出すものの 1 つといえるだろう。「Kinect」は「Azure Kinect DK」に引き継がれている。

　これらの例に限らず，コンピュータ・ゲームはデジタルメディアの歴史とともに進化してきている。例えば，ゲームの相手もコンピュータばかりではない。現在では，ネットワークで繋がった他人とプレイすることが可能である。そして聴衆の中で，他人とその技を競い合う「e スポーツ」までに発展している。一対一の対戦だけではなく，複数人で同時に同じゲームをプレイすることも可能になっている。さらには携帯電話やスマホでプレイするソーシャルゲームのようなゲームも登場しており，必ずしも同じ時間に画面に向かっていなくても対戦や協力のゲームをプレイすることができる。また，最近では VR の技術を活用したゲー

ム機も登場している。このようにゲームのデジタルメディア活用は，今後も様々な展開を見せるであろう。

4．ボードゲームと人工知能研究

　ゲームの中でもボードゲームの代表格である，チェス，将棋，囲碁については，コンピュータにゲームをさせるという試みがなされており，コンピュータの歴史とともに人工知能の一領域として研究開発が進んできた。1996 年に行われたコンピュータチェスのディープ・ブルーと当時のチェス世界チャンピオンのガルリ・カスパロフとの対戦，2016 年に行われたコンピュータ囲碁の AlphaGo と世界最強の棋士の 1 人と目されている李世乭（イ・セドル）との対戦では，いずれもコンピュータが勝利し，世界的にも大きなニュースになった。

　将棋（日本将棋／本将棋）は，持ち駒のルールがあることで，独特の将棋であるといわれる。一般社団法人情報処理学会は創立 50 周年を記念して，2010 年に「コンピュータ将棋プロジェクト」を開始し，トッププロ棋士に勝つコンピュータ将棋の実現を目指した。2015 年 10 月には，コンピュータ将棋の実力がトッププロ棋士に追い付いたという分析結果が出て，プロジェクトの目的が達成されたとして，プロジェクトの終了宣言をした（情報処理学会，2015）。大川（2016）は，コンピュータ将棋と対峙したトッププロ棋士へのインタビューをまとめたものとして興味深いが，キーワードは「人間らしさ」であろう。コンピュータ将棋は生命体ではないので感情もなく疲労もせずに，アルゴリズムに沿って手を指していく。コンピュータ将棋同士の対戦もあり，アルゴリズムに間違いや欠点があれば改良されていく。しかし，人間棋士の認識や思考過程と，コンピュータ将棋のアルゴリズムとは同じであるとはいえないだろう。

　関連して，諏訪・堀（2015）による「一人称研究」について紹介しておこう。人工知能研究は客観性を重んじているが「知」の研究を極めるためには限界がある。「知」は個人に内在しているので，個人の文脈においての語りに「知」の本質がある。そこで「一人称研究」である。コンピュータ将棋の人工知能研究も，一人称研究の一例として取り上げられている。

5. 鑑賞・旅行とデジタルメディア

　娯楽をするデジタルメディアは，デジタルメディアそのものを娯楽として利活用することにとどまらない。表9-1に「鑑賞」することがあげられているが，美術館や博物館では，デジタルメディアが様々な場面で活用されている。

　例えば，美術館や博物館は，保管している各種の作品や資料・史料などをデジタル情報に変換し，**デジタル・アーカイブ**を開発している。また，美術館や博物館の中で利用できる音声ガイドやスマホのアプリなど，様々な形態のデジタルコンテンツを用意して，来館者への利便性を補助することが行われている。さらには，ウェブサイトにおいて，イベントなど各種の案内を公開している他，上記，デジタル・アーカイブの一部も公開している。このように，「鑑賞」に関連するだけでも，これだけのデジタルメディアが利活用されているのである。

　その他にも「行楽・散策」はどうだろうか。「旅行」として捉えてみると，その活動を行うためには様々な情報が必要となってくる。つまり，旅行先や旅行目的についての知識，自分の家から旅行先までの交通情報や観光案内情報を調べるためにデジタルメディアは活用されている。宿泊の予約や交通機関のチケット購入なども，ネットで行うことができる。旅行の思い出は撮った写真をデジタル情報として残しておいた

図9-1 「Google ストリートビュー」で見る「放送大学本部」
(コロナ災禍のため，正門を半分閉じているのが分かる)

り，また，ネットを通じて共有したりということもできる。

　さらに，「旅行」で博物館に行かずとも，その場にいてデジタルメ
ディア上で博物館を体験できる，いわば「どこでも博物館」を提供する
試みもある。また，同じように，Google のストリートビューはヴァー
チャルな空間に現実の空間を再現したシステムである。オンライン上の
地図から，その地点の景色の画像を見ることができ，自分の見知らぬ土
地でも行ったような感覚を味わうことができる（図9-1 参照）。

6．創作としてのデジタルメディア

　「人間は遊ぶ動物である」ともいわれるように，人間は自ら娯楽を
作ってきた。ここまでは娯楽を「する」ものとしてデジタルメディアを

捉えてきたが，本節では娯楽を「作る」創作活動にも各種のデジタルメディアが利用されていることについて紹介したい。

　例えば，本を執筆するためのワープロソフト，それを（自家）出版するためのソフトウェアやウェブサイトがある。マンガを描く，絵画を描く，写真を撮る，映画を撮る，作曲する，習字・書道をする，など美術・芸術作品を作り発表するために，様々なデジタルメディアが活用されている。そうした娯楽を「作る」ために利用できるパソコンのソフトウェアやスマホ・タブレット端末用のアプリは，すぐに見つけることができるだろう。さらに，上記の「ボードゲームの人工知能研究」と同じ領域の研究開発の例であるが，佐藤（2016）の「コンピュータが小説を書く」研究をあげておいてもよいだろう。

　娯楽を「作る」という点においては，**消費者生成メディア（Consumer Generated Media, CGM）**についても触れておくべきだろう。後藤・奥乃（2012）で取り上げられている初音ミク，ニコニコ動画，ピアプロ（ネットでつながるクリエイター同士が曲やイラストなどをお互いに投稿し合い協業して新たなコンテンツを生む仕組み）などが具体例である。ここでは，初音ミクを例にして解説したい。

　初音ミクは，キャラクターのイラストを特徴とした擬人化されたボーカル音源であり，歌声の音声合成ソフトである。そこに，キャラクターの動きや動画・音楽などを組み合わせた映像作品が多くのユーザによって作られた。キャラクター使用の著作権が公開されているため，ニコニコ動画（https://www.nicovideo.jp/）を中心としたネットの動画共有サイトに次々に作品が投稿され，多くのユーザに人気である。

　さらには，ヴァーチャル世界にとどまらず現実世界（リアル）のイベントで初音ミクのコンサートが開かれるなど，デジタルメディアを媒介として極めて興味深い現象を引き起こし続けている。マンガやアニメか

ら同人誌やフィギュアなどを創作したものは二次創作物と呼ばれているが，初音ミクにおける創作物は，他人の創作物に触発されて，別の創作物が公開されてということがネットワーク状に連鎖し反復される。このことから「N 次創作物」と呼ばれている。いわば自動運動を続けていくというものである。N 次創作物は他のユーザに娯楽を「する」ものとして消費される。

このように，デジタルメディアは娯楽を「する」という点のみならず，娯楽そのものを「作る」ことに活用されているのである。なお，消費者生成メディアに類似した概念である「ユーザ生成コンテンツ（UGC）」については，第 6 章の「ジオメディア」に解説してあるので，そちらをご覧いただきたい。

7．ソフト開発・電子工作

デジタルメディアでの開発ということでは，プログラミング言語の活用ということが典型例であろう。プログラミングは，専門の業者や研究開発者に閉じられたものではなく，万人に開かれたものである。コンピュータのソフトウェアの歴史を紐解けば，そのようなプログラミング言語自体を自ら開発したり，プログラミング言語を利用してシステムを開発したりといったことに，様々な技術的なイノベーションがあることが分かる。同じ機能を持つソースコードでも，より美しいコードを開発することに喜びや楽しみを感じる人間がいるということである。

また，ハードウェアの自作ということも万人に開かれており，各種の電子キットが市販されている。関連する娯楽としては，第 3 章「パーソナルメディア」でも取り上げた「3D プリンター」に代表される「パーソナル・ファブリケーション（Personal Fabrication）」がある。技術進化に伴い，娯楽の領域だけにとどまらないサービスが多く登場してきて

いるといえるだろう。

参考文献

後藤真孝・奥乃博「CGM の現在と未来初音ミク，ニコニコ動画，ピアプロの切り
　拓いた世界――編集にあたって」，『情報処理』53(5)，464-465.（情報処理学会，
　2012 年）

弘田陽介『子どもはなぜ電車が好きなのか 鉄道好きの教育「鉄」学』（冬弓舎，
　2011 年）

是永論『見ること・聞くことのデザイン　メディア理解の相互行為分析』（新曜社，
　2017 年）

大川慎太郎『不屈の棋士』（講談社，2016 年）

酒井順子『女子と鉄道』（光文社，2006 年）

佐藤理史『コンピュータが小説を書く日』（日本経済新聞出版社，2016 年）

諏訪正樹・堀浩一（編著）『一人称研究のすすめ　知能研究の新しい潮流』（近代科
　学社，2015 年）

高橋秀明・山本博樹（編）『メディア心理学入門』（学文社，2002 年）

情報処理学会（2015 年）「コンピュータ将棋プロジェクトの終了宣言」http://
　www.ipsj.or.jp/50anv/shogi/20151011.html（確認日 2021.10.26）

辻泉「オンラインで連帯する」，土橋臣吾・南田勝也・辻泉（編著）『デジタルメ
　ディアの社会学　問題を発見し，可能性を探る』（北樹出版，2013 年（改訂版））

渡辺洋子・伊藤文・築比地真理・平田明裕「新しい生活の兆しとテレビ視聴の今〜
　「国民生活時間調査・2020」の結果から〜」（『放送研究と調査』，71(8)，2-31，
　2021 年）https://www.nhk.or.jp/bunken/research/yoron/pdf/20210801_8.pdf（確
　認日 2021.10.26）

学習課題

1. 誰も知らないような趣味，世界で一番小さい博物館などについて，デジタルメ
　ディアを活用して調べてみよう。
2. デジタルメディアを活用して自分で作品を作り，インターネットを通じて投稿
　してみよう。

10 | 政治とデジタルメディア

高橋秀明

《**目標＆ポイント**》 政治とは，地域や近所の行事・会合への参加から，国政
まで，様々なレベルで考えることができる。デジタルメディアは，そのいず
れのレベルの政治の在り方にも影響を及ぼしている。本章では，まず国家と
しての日本の情報化政策を振り返り，政治からの情報発信がどうなされてい
るかを概観する。また電子政府，ネット選挙，電子投票といった各領域にお
いてデジタルメディアがどのように活用されていて，どのような可能性，危
険性があるのかについて理解する。
《**キーワード**》 情報化政策，フラッシュモブ，電子政府，ネット選挙，電子
投票，e デモクラシー

1. はじめに

　政治という用語を定義するのは難しい。ここでは，一般の人々が生活
する上で従う規則ルールを作り出し，人々を支配・統治する活動である
と捉えておく。「人民の，人民による，人民のための政治」といわれる
が，民主主義の原理や考え方を基本的に認めておきたい。

　一般の人々の日常生活をどう捉えるかについては第2章「日常生活と
は」で触れたが，NHK 放送文化研究所「2020 年国民生活時間調査」の
「（2）拘束行動」とは，「家庭や社会を維持向上させるために行う義務
性・拘束性の高い行動。仕事関連，学業，家事，通勤・通学，社会参
加，からなる」とされている。最後にあげられている社会参加は，具体
的には「PTA，地域の行事・会合への参加，冠婚葬祭，ボランティア

活動」とあげられているが，一般の人々にとっての政治の活動であると考えることができるだろう。しかしながら，こうした社会参加の他には，政治家や政治に関わる研究者を除くと，一般の人々は日常生活において「政治」にまつわる行動はほとんどしていないかもしれない。

　「政治」は私たちの日常生活の前提であり基盤である。政治とデジタルメディアとの関係について，山岡（2006）は「社会や統治制度が体現する規範や理想は，時代の産物である。時代の産物であるその規範が，その後の時代を規制していく。こうした往復運動をとらえることは学問的に有意義なことであり，情報技術と民主主義の関係は，そうした運動の1つであろう」と述べている。本章も同じ問題意識を共有する。

2．日本の情報化政策

　現状の政治や社会の在り方に問題意識や不満を持ち，その仕組みや方法を変えたいという思いは，いつの時代でもどの国にでもあるものである。一般の人々よりも，特に行政を担う人々にそうした思いは強いといえよう。

　例えば，日本における地域情報化政策を簡単に紹介しておこう。地域情報化政策は1980年代から提唱されるようになり，その最初は1983年に始まった郵政省「テレトピア構想」と通産省「ニューメディア・コミュニティ構想」である。その後様々な政策が打ち出されてきた（田畑，2005）。以下がその例である。

　　・郵政省「ハイビジョン・シティ構想」（1988年）
　　・通産省「ハイビジョン・コミュニティ構想」（1989年）
　　・自治省リーディング・プロジェクト「地域情報化対策」（1990年）

・郵政省「テレワークセンター施設整備事業」(1994 年)
・農水省「田園都市マルチメディアモデル整備事業」(1997 年)
・郵政省「マルチメディア街中にぎわい創出事業」(1998 年)
・総務省「e まちづくり交付金事業」(2002 年)
※省の名称は当時

　地域の情報基盤の整備ばかりでなく，地域コミュニティの活性化，地域産業の育成などが目標として掲げられた。

　しかし，河井・遊橋 (2009) はこうした政策に対して，ツールとしての情報技術に溺れてきたことはないかと問い，持続可能で多様な発展を模索してきた地域の取り組み事例を紹介し，その枠組みを示している。例えば，地域で語り継がれていく知恵を ICT に移し替える取り組みや，スポーツを通してメディア運営によって地域を活性化させようとする取り組みなどを紹介している。

　日本との比較のために，アメリカ合衆国大統領のメディア利用について簡単に触れてみよう。例えば谷本 (2011) が紹介しているように，2009 年（平成 21 年）に第 44 代大統領に就任したアメリカのオバマ大統領がその大統領選挙の活動で ICT を活用し，就任後も，様々な ICT を活用して政治を変化させようとしていた。具体的には，「IT による新しい政治」として「透明性とオープンガバメント」が発表され，「透明性 (transparency)」，「政治参加 (participation)」，「官民協力 (collaboration)」の 3 本柱が掲げられた。一方で，そうした変化 (change) の象徴ともいえる，オバマ大統領の 2009 年ノーベル平和賞の受賞を覚えている人は少ないだろう。

　2017 年（平成 29 年）に第 45 代大統領に就任したアメリカのトランプ大統領については，その SNS での発信に世界中が一喜一憂した。一

方で，アメリカの選挙制度のもとに選ばれたという意味では，その正統性を認めるべきであることはいうまでもない。

　そうして，2020年の大統領選挙では，その投稿内容から2021年1月にTwitterの個人アカウントの永久停止に追い込まれたが，その網をくぐり抜けて投稿したり，別のSNSから投稿したりと攻防が続いている。

　アメリカに限らず選挙制度については，選挙の構造上の不備も指摘されている。何年かに一度の選挙によって政党や政治家の配分が決定されるというのは不合理とし，日常的な政策決定の仕組みがいわば車の両輪となって政治を進めていくことの必要性が指摘され，そのためのデザインの提案がなされている（水上，2008）。また，その1つとして政策について議論をし，お互いの考えをぶつけ合わせるのではなくお互いの考えを育むなど，プロセスを担保することの必要性が主張されている。

　サンスティーン（2003）以降に顕著だが，徹底的な議論を重ねて政治を進めていこうという考え方が主流となり，そのためにICTを活用することも随所に見られるようになってきている。例えば，文部科学省が2010年に開始した「政策創造エンジン熟議カケアイ」は，教育に関する様々な政策について，教職員，教育政策関係者，保護者など，教育に関係する人々や，教育に関心を持つ人々が，自由に参加し議論できる場である。国政レベルで政策形成を「見える化」した試みとして注目された。

3．政治の情報発信とデジタルメディア

　政治には様々な機構や団体が関与しているが，それぞれがデジタルメディアを利活用して情報発信をしている。

　我が国の国政については「日本国憲法」によって規定されている。そ

の第1章は「天皇」である。そこで，皇室関係の国家事務を担っている宮内庁のウェブサイトを確認してみよう。皇室の構成や制度，皇室のご活動や皇室に伝わる文化などに加えて，「おことば・記者会見」のコンテンツがあることも分かる。天皇陛下のおことばということでは，2016年（平成28年）8月8日の「象徴としてのお務めについての天皇陛下のおことば」もウェブ上で確認することができる。このようなビデオメッセージは，2011年（平成23年）3月16日の「東北地方太平洋沖地震に関する天皇陛下のおことば」以来であり，天皇陛下が直接国民にメッセージを発せられるのは，1945年（昭和20年）8月15日のラジオによる玉音放送と合わせて3度しかないことを，我々国民としては心にとどめておくべきであろう。

　2020年（令和2年）からのコロナ災禍により，2021年（令和3年）の一般参賀は中止されたため，新年ビデオメッセージを発せられた。天皇陛下が直接国民にメッセージを発せられる4度目となった。

　次に，日本の政治機構の中心である首相官邸の利活用を見てみよう。首相官邸のウェブサイトは様々なコンテンツを有しているが，特に「首相官邸きっず」というページがおもしろい。その1つに，日々の生活に各省庁がどのように関わっているかについて，子供にも分かりやすいように解説されているコンテンツがある。

　この中で，日々の生活に各省庁がどのように関わっているのかが次のように紹介されている（図10-1）。

- ・AM7：00 朝ごはん：「食」を守っている＝農林水産省
- ・AM7：40 身じたく：地球がかかえる様々な環境問題に取り組む＝環境省
- ・AM8：10 登校：道路を作ったり直す＝国土交通省
- ・AM8：30 学校に：学校に関わるところ＝文部科学省

・AM11：00　授業中：エネルギーの勉強＝経済産業省
・PM 3：30　下校：おばあちゃんに道を聞かれて交番に＝警察庁
・PM 4：00　お見舞い：お兄ちゃんのお見舞いで病院へ，年金や
　　　　　　　介護も＝厚生労働省
・PM 5：00　お買い物：銀行がルールを守っているかをチェック
　　　　　　　＝金融庁
・PM 7：00　晩ご飯：会話に出た海外旅行で必要なパスポートの
　　　　　　　発行＝外務省
・PM 8：00　だんらん：テレビの放送やインターネットの通信を
　　　　　　　担当＝総務省
　　　　　　　（宝くじの話題から，被災地への寄付，ボランティア
　　　　　　　の話題があり）
　　　　　　　被災者を助ける，日本の平和や安全を守る，海外で
　　　　　　　の国際貢献＝防衛省・自衛隊
　　　　　　　さらに，被災地の復興を統括＝復興庁

　こうした行政機関ではメディアを活用して政治をしており，デジタル
メディアの活用も行われている。「首相官邸きっず」は子供向けの教育
コンテンツとしてデジタルメディアが行政機関に活用されている一例で
ある。中央省庁だけではなく地方公共団体の各自治体においても同様
に，自らのサービスの内容を説明・案内するために，デジタルメディア
を利用している。多くの自治体に採用されている，広く公に（＝パブ
リックに）意見・情報・改善案などを求める「パブリックコメント」と
いう制度はその一例である。また，「電子会議室」を持っている自治体
も増えてきており，私たち一人一人が政治的な意見を公に述べる機会や
手段も多くなっているといえるだろう。
　次に，裁判所とICTとの関連について検討してみよう。裁判所とは，

図 10-1　首相官邸きっず：政府のお仕事
（出典：https://www.kantei.go.jp/jp/kids/）

司法権を持つ機関であり，訴訟や事件で起きた紛争を解決する。そこ
で，訴訟や事件についての様々な資料と，関連する法令，および過去の
判例を基にして，何らかの判断（判決）が下されることになる。また，
日本においては，2009 年から裁判員制度が開始され，一般の国民が刑
事裁判に参画し裁判官とともに審理することも行われており，日常生活
と裁判との関連が深くなっているといえよう。
　まず，法令については，後述するとおり，ウェブで検索できるシステ

ム（電子政府の総合窓口 e-Gov）がすでに稼働している。法令とは
データベースとして捉えることができるが，さらに，判例のデータベー
スも電子的に流通している。判決に関して，量刑を決定するためのシス
テムもあるが，まだまだ研究開発の対象でもある。

　「訴訟や事件についての様々な資料」の中で，犯罪捜査の過程で見出
される資料は代表的なものである。犯罪捜査においても ICT が活用さ
れている。指紋による個人認証や監視カメラの映像などが証拠としての
価値が高いと認識されている。

　裁判員制度の審理過程では，一般の国民が様々な資料を視聴し，検分
することになる。そこで，例えば，伊東（2009）は，その審理過程で
は，各種資料がいわばマルチメディアを利用して提示されることにな
り，それらの各種メディアが人間に及ぼす生理・心理的影響があり，妥
当な判断や意思決定できない可能性があると警鐘をならしているので参
考にしてほしい。

　また，様々な証言も資料として提出されるが，例えば，浜田（2001）
の自白の研究や，高木（2006）の証言の研究などが明らかにしていると
おり，証言や自白は，捜査員と発言をした当事者との間で共同でなされ
る構成過程の結果と考えることができる。そこで，「取調べの可視化」
といわれるが，取調べの様子を録音・録画し，確実な資料とするべきと
いう議論も起こって久しい。

　なお，日本においては，「科学警察研究所」がこのような犯罪科学に
関する総合的な研究や鑑定の実務や研修を行っており，ICT との関連
が深いことも指摘しておこう。また，本書では詳しく扱っていないが
「情報セキュリティ」に関連した事件や犯罪なども多くなっており，警
察組織の対応も進んできている。

4. 政治参加とデジタルメディア

本章の第1節で，社会参加には「PTA，地域の行事・会合への参加，冠婚葬祭，ボランティア活動」があると紹介したが，こうした活動にもデジタルメディアが活用されている。例えば「地域の行事・会合への参加」には下記のような活用例があげられるだろう。

- ・まず，その行事・会合の主催者がすでにウェブサイトを開設しているのであれば，それを通じて，その行事・会合のことを「知る」ことができる
- ・行事・会合の日程を決めるために対面で打ち合わせることもできるが，スケジュール管理のツールを利用することができる
- ・行事・会合の開催案内の通知にも，デジタルメディアを活用できる
- ・行事・会合の実施の様子を，デジタルメディアを活用して記録できる
- ・行事・会合で，合意形成にデジタルメディアを活用することもできる
- ・行事・会合の実施の様子をデジタルメディアを通じて関係者に報告できる

さらに，社会参加の1つに同じ信条や主張を持つ人々が集まり起こすデモ活動があるだろう。伊藤（2012）は，デモという一連の行動において，インターネットが利用されるシーンとして，下記の3つの局面をあげている。

1. 計画局面：運動の内部で，デモの主催者がその計画を立案する

　　局面
　2.　動員局面：運動の内部で，デモの主催者がその参加者にデモに
　　　参加するよう呼びかける局面
　3.　発信局面：運動の内部から外部へと，デモの主催者または参加
　　　者が運動の経緯や状況を発信する局面

　最近では，継続的なデモ活動だけではなく，携帯電話やスマートフォ
ンによって短時間で動員をかけ運動をし，ぱっと解散するという「**フ
ラッシュモブ（flash mob）**」と呼ばれる活動も登場した。

　2010 年末から 2011 年にかけて北アフリカや中東諸国で起こった一連
の民主化運動「アラブの春」においても，若者や知識層を中心とする
人々が Facebook や Twitter といったデジタルメディア（ソーシャルメ
ディア）を使って情報交換をし，またたく間にその活動が広がった。

　このように，一般の人々がデジタルメディアを利活用して政治的な行
動を起こすことが容易になってきている。

　さて，報道機関は「第 4 の権力」ともいわれるように，マスメディア
が報道することにより政治は動く。テレビ，新聞，ラジオといったマス
メディアもネットを利用して各種の報道を行っており，今やマスメディ
ア自体がデジタル化されているといえよう。市民メディア，市民ジャー
ナリズムといった一般の人々が報道を担う形態でもデジタルメディアは
活用されている。

　従来，マスメディアの機能として，議題設定効果や世論形成というこ
とがいわれてきたが，現代の日本においては，マスメディアへの信頼性
が揺らぐ事例も多く見られるようになってきた。例えば，2011 年 3 月
11 日に起きた東日本大震災や福島第一原子力発電所の事故を巡るマス
メディアの報道では，数々の混乱が見られた。こうした混乱をネットで

は「マスゴミ」「報道しない自由の行使」などと揶揄することもあり，マスコミの報道を批判的に読み解こうという，本来のメディアリテラシーが見直されているともいえる。その契機の1つとして，上記の市民ネットメディアや政治ブログが盛んになったことがあげられよう。そうして，ネット世論の形成にも繋がり，行政を担う人々や政治家もネット世論を無視できない状況に至っていると言える。なお，ネット世論の形成については，木村(2018)などが参考になる。

これに関連して，第3章で紹介した加藤（2012）は，ネットは，以下のような様々な「解放の物語」をもたらしたと解釈している。こうした側面も参考になるだろう。

- ・距離・時間からの解放
- ・障害者の社会参加可能
- ・地域情報発信
- ・個人による情報発信可能（マスメディアを介在させない）
- ・身体的現前と外見からの解放
- ・制度的自己からの解放，匿名的状況の確保
- ・掲示板（一般的他者）による直接的他者からの解放

5．政治の電子化

（1） 電子政府

電子政府とは，政府が主にコンピュータやネットワークなどのICTを活用することを意味する。日本においては，2001年にまとめられた「e-Japan戦略」以来，ICTを活用した行政サービスの整備が急速に進んでいる。まさに，政治を作るために，ICTが活用され続けているわけである。「高度情報通信ネットワーク社会形成基本法」（通称「IT基本法」）も，2001年から施行されている。2021年（令和3年）9月には

デジタル庁が設立された。

　総務省が運営する「e-Gov ポータル」を見てみると，以下のサービスがあるのが分かる。

　　・電子申請：行政機関に対する申請・届出等の手続
　　・法令検索：現行施行されている法令の検索
　　・パブリック・コメント：意見の提出や募集状況などの確認
　　・文書管理：行政文書ファイル管理簿の検索およびリンク集
　　・個人情報保護：個人情報ファイル簿の検索およびリンク集

　地方公共団体のサービスとしても，住民票をネットを利用して受け取るサービスなどがある。その目的は，国民の事務負担の軽減や利便性の向上，さらに行政事務の簡素化・合理化などにより，効率的な政府・自治体を実現することにある。

（2）　ネット選挙

　選挙運動について，関連する技術やメディアの歴史を簡単に振り返りながら検討してみよう。まず，選挙自体について，電子的に各種情報が流通している。

　選挙人は，自らの代表を選ぶ際に，その政治家をよく知っていたいと思うだろう。対面でのコミュニケーションをして，その政治家の人となりなどをきちんと把握した上で，投票するのが理想的である。また，そのために，選挙運動期間中に，最低でも立候補者の演説会や集会に直接参加したいと思うだろう。

　以上から，選挙人と立候補者とが直接対面で会うことができるように，交通手段が発達していることが前提となる。新聞やポスターなどが利用できるようになると，立候補者は，そこに，自らの公約や政治信条

を文書化することができ，さらに，その文書を郵便などの制度を利用して，選挙人に配布することもできるようになる。

　さらに，遠隔通信手段として，ラジオやテレビなどのマスメディアが一般に利用されるようになってくると，直接対面で会わなくても，立候補者が，ラジオやテレビを通して，公約や政治信条を伝えることも可能である。例えば，テレビでの公開討論会が，選挙結果に大きく影響する，ということもいわれるようになって久しい。

　以上のように，選挙運動には様々な技術やメディアが関連している。そして，現代ではネットの技術を利用しようという議論も盛んである。

　例えば，選挙プランナーという肩書きを持つ三浦（2010）は，ネット選挙によって以下のような変化が生じるとしている。

- 従来は動員を後援会などを通して行っていたが，SNS などで直接的に行うことが可能
- GPS の利用で選挙カーの位置情報を確認できるので，運動する場所を検討しやすい
- 繰り返し告知して，期日前投票を呼びかけることができ，投票率を上げることに繋がる
- マスメディアでの政見放送よりも，動画サイトでの視聴の方にシフトしていくことで，若年層の掘り起こしに繋がる
- 政治家も，ネット調査で，世論を知りやすくなり，政策に関する考えを深めることができる
- 選挙の応援も，ネットを利用できるので，より効果的にできる

　一方で，例えば，アメリカでの選挙運動のように，ネットでの個人献金は，日本にはなじまないとしている。

（3） 電子投票

　さて，選挙のクライマックスは選挙人による投票であり，これもデジタルメディアが活用されている。いわゆる「電子投票」である。世界を見渡すと，電子投票には，集計を簡便にするためにマークシートなどで投票する形式，専用端末を使いタッチパネルやボタンを押して投票する形式があり，いずれも選挙人は投票所において投票することになる。さらに，ネットを用いて遠隔地から投票する形式もある。

　日本においては，投票所にある専用端末で投票する形式が実際に行われており，2002 年 6 月に岡山県新見市長選挙で初めて実施され，直近では，2016 年 1 月に青森県六戸町議会議員補欠選挙において六戸町で実施されている。

　岩崎（2004）は，自署式からタッチパネル式に変わっただけであるが，その意義は大きいと肯定的に評価している。一方で，山岡（2006）は，「投票というのは，特別な選択行為であり，それは個人の自由で自律的な行為であ」り「ある時点において一度きり認められた特別な権利の行使」とし，投票を安易に電子化することは困難であるとしている。アメリカの大統領選挙の事例であるが，前述の第 45 代トランプ大統領の 2020 年大統領選挙を巡る SNS での投稿については，郵便投票や投票集計システムへの疑義が含まれていたことも指摘しておくことができるだろう。このように，電子投票の是非を巡って評価は分かれているといえよう。

（4） e デモクラシー

　e デモクラシーという言葉も，出現してから久しい（岩崎，2005）。ICT を活用して，政治の仕組みやプロセスを支援したり強化したりすることをいう。すでに本章で述べてきたように，地域情報化政策や

e-Japan, e-Gov なども，e デモクラシーの一側面ということもできる。

　では，e デモクラシーによって，本当に私たちが望ましいと考える政治が実現するのであろうか。山岡（2006）は熟慮民主主義についての考察の最後で「情報技術の発展は，コミュニケーションや決定のスピードアップを促す傾向がある。問題は，そうしたスピードアップと熟議は，必ずしも一致しない，という点にある。（中略）私たちにできることは，民主政の伝統に依拠しながら，民主主義の精神と原理を再考しつつ，変転する社会環境について慎重に適応していくことであろう」と述べている。また，カーニハン（2013）はその最終章で次のように述べている。「誰もが常に，今日の技術は極めて急速に変化しているものの，人々はそうでない，ということを頭に置くべきです。多くの面において，私たちは 1000 年前の人間とほとんど同じであり，良い人と悪い人の比率，良い動機と悪い動機の比率も同じです。社会的，法的，政治的なメカニズムは技術の変化に合わせて変わりますが，その過程はゆっくりしたものであり，世界のそれぞれの場所ごとに，違った速さで変化し，違った解に到達します」。さらに，佐藤（2010）は情報化社会論で「ツイッターが社会を変える」など Web 2.0 を巡る言説の強力さを認めながらも，次のように述べている。「私たちが生きるこの社会のしくみ（＝私たちが日常生活を営む上で前提にしている基幹的な制度），例えば法や経済や企業のシステムや，自律的な個人という近代社会の最も基本的な特徴にかかわるものまでが，それ（引用者注：ICT のこと）によって本当に大きく変わっているのだろうか？（中略）情報化社会論は確信ありげに『変わる』という。だが，よく考えると，首をかしげたくなるところが多々出てくる。（中略）何を根拠に『社会のしくみが変わる』といっているのか，どうもよくわからないのだ」。

　民主主義は衆愚政治に陥りやすいというのは，いつの時代にあって

も，限りなく真実に近いであろう。そこで，本章の最後に中川（2004）
が巻頭言に掲げているハイエクの警句で終わろう。「デモクラシーは，
法の支配を維持しない限り，長くはつづかない」。

参考文献

浜田寿美男『自白の心理学』（岩波書店，2001 年）

伊東乾『ニッポンの岐路裁判員制度——脳から考える「感情と刑事裁判」』（洋泉
　社，2009 年）

伊藤昌亮『デモのメディア論』（筑摩書房，2012 年）

岩崎正洋『電子投票』（日本経済評論社，2004 年）

岩崎正洋（編）『e デモクラシー』（日本経済評論社，2005 年）

加藤晴明『自己メディアの社会学』（リベルタ出版，2012 年）

河井孝仁・遊橋裕泰（編著）『地域メディアが地域を変える』（日本経済評論社，
　2009 年）

カーニハン，ブライアン.，久野靖訳『ディジタル作法　カーニハン先生の「情報」
　教室』（オーム社，2013 年）

木村忠正『ハイブリッド・エスノグラフィー　NC（ネットワークコミュニケー
　ション）研究の質的方法と実践』（新曜社，2018 年）

水上慎士『政治を変える情報戦略』（日本経済新聞出版社，2008 年）

三浦博史『ネット選挙革命』（PHP 研究所，2010 年）

中川八洋『保守主義の哲学　知の巨星たちは何を語ったか』（PHP 研究所，2004
　年）

佐藤俊樹『社会は情報化の夢を見る［新世紀版］ノイマンの夢・近代の欲望』（河
　出書房新社，2010 年）

サンスティーン，キャス.，石川幸憲訳『インターネットは民主主義の敵か』（毎日
　新聞出版，2003 年）

高木光太郎『証言の心理学　記憶を信じる，記憶を疑う』（中央公論新社，2006 年）

田畑暁生『地域情報化政策の事例研究』（北樹出版，2005 年）

谷本晴樹「e デモクラシー 2.0 ―その可能性とこれからの日本政治」，西田亮介・塚越健司（編著）『「統治」を創造する』（春秋社，2011 年）

山岡龍一「情報と民主主義」，柏倉康夫・林敏彦・天川晃（編著）『情報と社会』（放送大学教育振興会，2006 年）

総務省「電子投票の実施状況」https://www.soumu.go.jp/senkyo/senkyo_s/news/touhyou/denjiteki/denjiteki03.html（確認日 2021.10.26）

宮内庁「天皇陛下のお言葉ビデオメッセージ　象徴としてのお務めについての天皇陛下のおことば」https://www.kunaicho.go.jp/page/okotoba/detail/12（確認日 2021.10.26）

宮内庁「天皇陛下のおことば　新年ビデオメッセージ（令和 3 年 1 月 1 日）」https://www.kunaicho.go.jp/page/okotoba/detail/86（確認日 2021.10.26）

文部科学省「コミュニティ・スクールと熟議」https://www.mext.go.jp/a_menu/shotou/community/school/detail/1344869.htm（確認日 2021.10.26）

文部科学省「熟議カケアイ」（国立国会図書館アーカイブ）https://warp.ndl.go.jp/info:ndljp/pid/10311921/www.mext.go.jp/jukugi/index.html（確認日 2021.10.26）

首相官邸きっず https://www.kantei.go.jp/jp/kids/（確認日 2021.10.26）

学習課題

1. ICT は政治を変えるのだろうか。身近な例から考察してみよう。
2. ICT を活用して，各国の政治を比較してみよう。
3. 日本の国民審査に相当する制度が他の国にあるのか，また，あるとしたらどのような制度であるのかを調べてみよう。

11 健康とデジタルメディア

高橋秀明

《**目標＆ポイント**》 本章では，日常生活において必要不可欠な健康に関する行動のうち，食事，医療・育児・介護などとデジタルメディアとの関連について，具体例も交えつつ検討する。
《**キーワード**》 ヘルス・リテラシー，電子カルテ，遠隔医療，エデュテイメント，デジタル遺品

1．はじめに

　本章のタイトルは「健康とデジタルメディア」であるが，「健康」に限定せず関連するテーマにも触れてみたい。梅棹（2000）「情報の家政学」に倣って「家政とデジタルメディア」でもよいのだが，「健康」な日常生活を営むということをあえて強調する意味でこのタイトルとした。

　さて，健康という用語を定義するのは第9・10章と同様に難しいため，本章でもNHK放送文化研究所「2020年国民生活時間調査」から規定してみよう。すでに述べたとおり，同調査では日常生活を（1）必需行動，（2）拘束行動，（3）自由行動の3つに分類しているが，このうち「（1）必需行動」が健康に関連する行動であろう。この調査では，（1）必需行動は，「個体を維持向上させるために行う必要不可欠性の高い行動。睡眠，食事，身のまわりの用事，療養・静養，からなる」と定義されており，さらに，表11-1のように具体的に列挙されている。

　これらの行動は，いわゆる家事や衣食住に関連しており，いずれも

表 11-1　必需行動の詳細

大分類	中分類	小分類	具体例
必需行動	睡　　眠	睡　　眠	30 分以上連続した睡眠，仮眠，昼寝
	食　　事	食　　事	朝食，昼食，夕食，夜食，給食
	身のまわりの用事	身のまわりの用事	洗顔，トイレ，入浴，着替え，化粧，散髪
	療養・静養	療養・静養	医者に行く，治療を受ける，入院，療養中
拘束行動	家　　事	炊事・掃除・洗濯	食事の支度・後片付け，掃除，洗濯・アイロンがけ
		買い物	食料品・衣料品・生活用品などの買い物（インターネットでの購入も含む）
		子どもの世話	子どもの相手，勉強をみる，送り迎え
		家庭雑事	整理・片付け，銀行・役所に行く，子ども以外の家族の世話・介護・看病

（出典：渡辺・伊藤・築比地・平田（2021）の表 1 から作成）

「健康」な生活を営む上で大切なことである。身体的な健康ばかりでなく，精神的，心理的な健康も含めて検討する。

2. 健康に関する情報を得る

　私たちは「健康」に関する情報をどのようにして手に入れているだろうか。おそらく，健康に関するテレビ番組を視聴する・書籍を読むなどマスメディアを通じて知ることが多いだろう。すなわち日常生活において，私たちは健康になるための知識に対して関心が高く，その知識を常に参照することができるようになっているということである。最近ではウェブコンテンツや電子ブックなどのデジタルメディアもその一端を担っている。

　また，健康に関する情報は一般的に流通しているが，学問としても成立している。例えば，健康情報学では単に健康に関する情報がどのように流通しているかだけではなく，医療従事者と患者との間のコミュニ

ケーションや，健康に関する情報活用能力である「**ヘルス・リテラシー (health literacy)**」なども扱われている（戸ヶ里・中山，2013）。

　健康の情報だけではなく，「家事」に関することも電子的に流通している。かつては「おばあさんの知恵袋」として年長者に聞いて教えてもらっていたことであり，日常生活を営む上での決まりごとやコツ，冠婚葬祭，年中行事に関する知識などである。

　家庭内におけるデジタルメディアの活用も例をあげることができる。家計簿をつける，財産管理を行う，各種のレシート・領収書や利用明細書，請求書などの管理をする，年賀状や挨拶状のために住所管理を行うといったことである（梅棹，2000）。また，例えば「ゴミ捨て」も健康な生活を営む上では大切な行動であり，ゴミ捨てに関わる情報・メディアの生態学も検討されている（Takahashi & Kurosu, 2004）。具体的には，ゴミ捨ての際には「ゴミを区別する」ことや「ゴミの種類によって回収日が決まっている」ことを，地方公共団体があらゆるメディアを利用して住民に告知しており，また住民もデジタルメディアを含めた様々なメディアを通してその情報を知ろうとするだろう。

　さらに，食事や食品・食物に関する情報は日常生活にとって必需の情報である。その食事に関する情報は様々なデジタルメディアを通して知ることができるし，食品や食物に関する情報はウェブコンテンツとして流通している。特に食品アレルギーについての情報は極めて重大であり，参考にするべきことがたくさんあるだろう。料理のレシピも同様である。料理のレシピについては，一般の人が自らウェブコンテンツとして投稿し公開する消費者生成メディア（CGM）もあり，そこに食品企業がタイアップするということも行われている。

3. 医療・育児・介護とデジタルメディア

（1） 医療関連

　医療は，それ自体でも大変広くて深い分野である。医療行為には，患者の診断から始まり，検査，手術，看護などがあり，それぞれのプロセスにおいて各種の ICT 機器が利用されている。診断のためのエキスパートシステムの開発は人工知能の昔からの研究開発のテーマであったが，最近では，例えば，汎用の意思決定・助言システムともいうべき IBM Watson（ワトソン）が白血病の診断を支援することに役立ったという例もある。

　医師は診療の経過においてカルテを書いているが，これを電子的に行おうという「**電子カルテ（electronic medical recording system）**」が整備されつつある。カルテは，医師法・歯科医師法によって記載や保存の義務がある準公文書であり，単純に ICT の問題のみが関連しているのではない。

　電子カルテは診療の過程を記録した電子的なデータベースであるので，医療行為に関連した他のシステムやデータベース（例：処方，画像・検査結果，諸会計など）と統合したシステムも利用されつつある。インターネットに接続されることで，地域での医療体制を整備する，遠隔地と結んで医療行為を行う「**遠隔医療**」の基盤ともなるものである。

　遠隔医療では，診療の過程において様々な ICT 機器が利活用されていることはいうまでもない。遠隔操作による手術という例まである。

　さらに，人工臓器の開発にも，3D プリンターが利用されるなど，デジタルメディアの活用が盛んである。

　医療に関連したことで，さらに広くて深い分野がある。つまり，薬事の関連である。創薬や製薬には，スーパーコンピュータ（スパコン）が

必須であるということを聞いたことがある読者も多いだろう。遺伝子レベルでの開発であり，ICT の利活用が欠かせない。

　もう 1 つ医療関連で，精神的・心理的な医療という面もある。ICTを活用して心理療法を行うということである。インターネット・セラピーやセルフ・ヘルプ・グループと呼ばれていることである。

　心理的な問題を抱えている場合，心理相談室に出向いてカウンセリングを受けることになる。問題によっては，自宅から外に出ること自体に問題を抱えている場合もあり，ネットや携帯電話等を利用した心理相談のサービスが存在している。電子メールを利用することもあり，クライアントは電子メールを「書く」ことによって治療効果がある場合もある（田村，2003）。

　心理相談に至らない問題の場合には，友人や知人に相談することもある。あるいは，同じ問題を持った他人を紹介してもらい相談することもある。そこで，セルフ・ヘルプ・グループといわれるが，対面で活動するばかりでなく，ICT を活用した活動も行われている（宮田・野沢，2008）。

（2）　育児・子育て

　妊娠・出産は病気ではないが，母子ともに危険な状態にあることは確かであろう。無事に出産を済ませても，子供が就学する（あるいはある程度自立する）まで育児をしなければならないが，ここでも，デジタルメディアが利活用されている。新生児や乳幼児期の子供の発達に関する知識，言語獲得前の子供の状態を理解し適切に対処するための諸方策，基本的な生活習慣に関するしつけの教え方，お乳や食事の与え方などなど，子育てに関する諸事について電子的に流通している情報を利用できるばかりか，各種の相談サイトも利用することができる。

就学前の子供への教育についても，「**エデュテイメント（edutain-ment）**」といわれるが，遊びながら学ぶことができるような電子的なコンテンツもある。いわゆる公園デビューをして近隣の子育て仲間と過ごす際にも，ICT が利用される。また，育児を楽しむという例もある。赤ちゃんの寝相や自作の弁当の写真を投稿するサイトは消費者生成メディア（CGM）の例でもあり興味深い。子育てロボットを求める向きもあるが，現状では自動ゆりかごロボットという程度であろう。

（3）　介護福祉関連

育児の分野と同じように，あるいはそれ以上に介護の分野についても，デジタルメディアが利活用されている。特に，介護用のロボットや機器などの開発など，近年著しい発展を見せている分野である。例えば，

・医療用ロボット
・車いすロボット
・パートナーロボット
・介護ロボット
・癒しロボット

などのロボットや機器の開発である。さらに，物理的なサポートばかりでなく，心理的なサポートということでも ICT が活用されている。

日本という国では，少子高齢化への対応という面からも，このような健康を作る生産性を高めていくことが必要であり，その１つの方法として，情報工学化，ICT 活用がますます必要とされている。

介護から少し離れるが，「癒しロボット」について少し詳しく検討しておこう。例えばパロは，産業技術研究所で開発されたロボットであり（図11-1参照），ギネスブックで「世界一癒し効果がある」と認定され

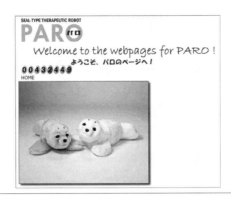

図 11-1　パロ（出典：http://paro.jp/）

た。東日本大震災でも，ある企業が被災した高齢者に癒しロボットを2年間無償で貸与したこともよく知られている。子供のアザラシを模しており肌触りもよく，なでて抱きしめたくなるロボットである。なお，癒しの効果はアニマルセラピーの観点からも認められている。

　これまで開発されてきたロボットは「足し算としてのロボット」か「引き算としてのロボット」という軸で分類できる（岡田，2012）。例えば，人間の機能を増大するためのロボットは「足し算のロボット」の典型といえる。人間よりも力が強く速く移動できる，たくさんの情報を記憶している，危険な場所に行けるなどである。それに対して，岡田自身が開発してきたロボットや「パロ」は頼りなく，ロボットだけでは何もできない，人間が何とか応答したくなるロボットであり「引き算のロボット」に相当する。高齢者や介護を必要とする人は，むしろ「弱いロボット」に対してコミュニケーションを取ろうとすることで安心感を得る。

　私たちは他人とコミュニケーションをする場面で，ほとんど無意識に相手が「人間である」と判断しながらやり取りをしている（佐藤，

2010）。しかし，重程度の要介護者と接する際には，その「人間である」という基準がどんどん切り下げられていくと同時に，介護者の心身もすり減っていく。ここで介護ロボットであれば，このような心配はないともいえるのであろうか。「人間である」基準が下がるとはどのような事態であるかは定義されていないが，人間がモノに近づいていくということではなく，より人間の根源に近づいていくということかもしれない。

　いずれにせよ介護の場面にICTを組み入れるか否かは，要介護者の状況を常に判断しながら，介護者が決めることになる。介護者が判断を的確にできるかどうかが分かれ目であろう。その際に，上記の心理相談やセルフ・ヘルプ・グループを利用することもできるであろうし，介護される当事者の記録（例えば，内山（2001）など）や当事者研究という観点（例えば，石原（2013）など）を参考にすることができるだろう。

4．健康的な生活とデジタルメディア

（1）　健康状態をモニターする

　「ライフライン」「インフラストラクチャー」に関わることは第13章「安全・安心とデジタルメディア」で扱うが，ここではそれ以外の日常生活に関わるデジタルメディアについて説明する。

　まず，健康になるためには，自分の健康状態をモニターする方法があり，それにデジタルメディアが活用されている。分かりやすい例としては，身体状態を監視および記録するためのデジタルメディアがある。いわゆる心拍計，血圧計，皮下脂肪測定器などの専用機器ばかりでなく，携帯型のデジタル機器が市販されている。最も身近なものとしては身につけるだけで歩数をカウントしてくれる歩数計があるだろう。こうした機器は日常生活での記録のために使うことができるが，近年ではさらに健康増進や身体トレーニングのために活用できるような機器やデジタル

機器も登場してきている。デジタルメディアを活用して自分の健康状態をモニターするだけでなく，より健康な状態にしていくためにも活用することができるのである。

　健康状態のモニターという点については，自分自身の状態に限定されないこともここで指摘しておこう。例えば，遠方に住んでいる年老いた両親の健康状態をモニターし，異常がある場合には近隣の医療あるいは福祉施設に診察や相談を依頼するということも，デジタルメディアを活用して可能とするようなサービスである。

（2）　健康的な食事

　食事をするためには，当然のことながら食品を作る・食材を調理し料理を作ることなどが行われる必要がある。食品を作るのは食品工場で行われることがあるし，料理は家庭においてばかりでなくサービス業としてレストランなどの店舗で行われることがある。こうした工場や店舗においても，デジタルメディアが活用されているのはいうまでもない。

　特に，農業の情報（工学）化は顕著だろう。マスコミなどの報道により日本の食糧自給率は低く農業従事者の高齢化が進んでおり，農業自体が衰退の一途をたどっていると思っている人も多いかもしれないが，きちんとデータを検討してみると日本は世界で第5位の農業国であるともいわれている（浅川，2010）。農業は自然環境の変化から土壌・肥料・水の性質などたくさんの因子が関連しており，それらを情報化していくことで生産性を高めることができるからであろう。

　「農業情報学会」という学会もあり，例えばICTを活用して，生産プロセスの明確化，流通経路の透明性を確保することについて実践的な研究が行われている。ユビキタス技術を利用して，例えば，食物の生産者から，生産プロセスでの肥料，流通経路などの情報をタグに入れておく

なども実際に行われている。

さらには、「農業の第六次産業化」ということがいわれるように、第一次産業として農畜産物や水産物の生産、第二次産業として食品加工、第三次産業として食品の流通や販売、この3つを一貫して実施することで産業としても自立することができ、また地域の活性化にも繋がるのである。そのためには当然ながらデジタルメディアの利活用が欠かせないであろう。

身近なところでは、コンビニエンスストアがある。文字通り便利な（コンビニエント）店である。様々な食品を売っているだけではなく、例えばその場で弁当を温めてもらい、すぐに食べることができる。いうまでもなくコンビニはICTの宝庫である。品ぞろえ、お金のやり取り、などは、POS（point of sale）システムで行われている。コンビニに来た客の個人情報（おおよその年齢や性別など）と消費行動のデータが集められ、いわゆるビッグデータを収集し、経営の管理や運営に利用される。さらに、ポイントカードとの連携もなされている。

また、様々な情報端末も設置されているばかりか、郵便や宅配のサービスも行われており、第12章「危機とデジタルメディア」に関連するが、非常時や緊急時に拠点となることも想定されている。デジタルメディアにも欠かせない「ほっとステーション」となっているのである。

（3）　生の完成としての死

本章の最後に、「健康」な日常生活を営むことの最終形あるいは完成形ともいうべき「死」について検討しておこう。死についても、デジタルメディアによって、様々に知ることができる。死をテーマにした作品も多数ある。有名人の死や非日常的な死については、マスメディアによって知るということが多い。知人の日常的な死については、パーソナ

ルメディアを介して知ることが多いであろう。自分自身の死について
も，上記の「健康状態をモニター」することで，今まで以上の精度で予
測することも可能になるかもしれない。

　このような経験を通して，人は，自らの死について考え，死後につい
ても想像し，（デジタル）メディアを通して，遺言やエンディングノー
ト，さらには遺品を残すこともある。

　一方で，多くの人が，パソコンや情報携帯端末を利用して様々なファ
イルを残していたり，SNS で発信をしてメッセージを残していたり，
ブログを書いていたり，あるいは，様々なビッグデータを意識的にせよ
無意識的にせよ残していることも現実であるので，いわゆる「**デジタル
遺品**」が残っていくことになる。遺族が，そのようなデジタル遺品の存
在を知り，故人について思いを新たにすることも多い。

　SF（サイエンス・フィクション）の世界では，心身の複写や転送と
いうことで，サイボーグやメンタル・アップローディングなどを題材に
した作品も多数ある。ビッグデータの時代になり，デジタル遺品から，
故人について，ありありと想起することも可能になったことは指摘して
おいてよいであろう。

206

参考文献

浅川芳裕『日本は世界5位の農業大国　大嘘だらけの食料自給率』(講談社，2010年)

石原孝二（編）『当事者研究の研究』(医学書院，2013年)

宮田加久子・野沢慎司（編著）『オンライン化する日常生活　サポートはどう変わるのか』(文化書房博文社，2008年)

岡田美智男『弱いロボット』(医学書院，2012年)

佐藤俊樹『社会は情報化の夢を見る［新世紀版］ノイマンの夢・近代の欲望』(河出書房新社，2010年)

Takahashi, H.and Kurosu, M.（2004). Information ecology of human everyday action., *Proceedings of 8th European Workshop on Ecological Psychology,* Verona, Italy, 104.

田村毅『インターネット・セラピーへの招待　心理療法の新しい世界』(新曜社，2003年)

戸ヶ里泰典・中山和弘『市民のための健康情報学入門』(放送大学教育振興会，2013年)

内山みち子『介護される側の日記　長生きの自己記録を更新中』(彩図社，2001)

梅棹忠夫『情報の家政学』(中央公論新社，2000年)

渡辺洋子・伊藤文・築比地真理・平田明裕「新しい生活の兆しとテレビ視聴の今〜「国民生活時間調査・2020」の結果から〜」(『放送研究と調査』，71(8)，2-31，2021年) https://www.nhk.or.jp/bunken/research/yoron/pdf/20210801_8.pdf (確認日　2021.10.26)

国立研究開発法人産業技術総合研究所システム研究部門　アザラシ型メンタルコミットロボット　パロ　http://paro.jp/（確認日　2021.10.26)

学習課題

1. 自分の健康状態を知るために，工夫していることを考えてみよう。
2. 介護にICTを活用することができるかを考えてみよう。

12 | 危機とデジタルメディア

高橋秀明

《目標＆ポイント》　本章では，まず危機とは何でありどのように捉えることができるのかを規定する。次に危機を知り，危機に備えるためにデジタルメディアをどのように利活用できるのかを検討する。危機の発生時，つまり緊急時にどのようにデジタルメディアが利活用されたかを具体的に，2011 年 3 月 11 日の東日本大震災を例にして紹介する。
《キーワード》　経済危機，環境危機，国際危機，防災，3・11 情報学，震災ビッグデータ

1. はじめに

　私たちの日常生活はごく普通に訪れる限り，穏やかに過ごすことができる。しかし，ひとたび危機に直面すると日常生活には多大なる影響を及ぼす。「天災は忘れた頃にやってくる」とよくいわれるが，日本において次のような様々な危機が見え隠れしており，危機的な状況にある。ここでは主に「経済危機」「環境危機」「国際危機」の３つについて触れてみたい。

　まず，「経済危機」と呼ばれる状況がある。日本では「失われた 10 年」，さらには「失われた 20 年」といわれるように，経済的な不況やデフレーションの状況が続いているといわれており，突然の解雇による失業，それに伴う自殺や家族の解体など多くのことがニュースとしてマスメディアに取り上げられている。2012 年 12 月に民主党政権から自民党・公明党の連立政権に変わり，デフレーション状態の解消に向けて

208

様々な施策が取られているが、一方で、そうした施策が原因となり近い将来にスーパー・インフレーションが起こるのではないかと指摘する識者もいる。2020年のコロナ災禍による不況は世界的なものであり、収束が見えない状況が続いており、危機的な状況といえるだろう。

　誰もが想起するだろう危機が自然災害による「**環境危機**」である。私たち日本人にとって、2011年3月11日の東日本大震災は忘れることができないばかりか、まだまだ復旧・復興の道なかばの状況にある。さらにいえば、地震と津波による災害だけではなく、津波による全電源喪失のために起きた福島第一原子力発電所の事故による放射能汚染問題も重なり、危機的な状態が現在も続いているといえるだろう。鎌田（2015）によると、地球科学の観点からは、東日本大震災によって「日本列島大変動の時代」に入ったとみなされており、今後も西日本から中部日本で大地震や富士山の噴火など、連動して災害が起こる可能性も否定することはできない。東日本大震災から10年を迎えようとする、2021年2月13日に、福島県沖を震源とする最大震度6強の地震があり、東日本大震災を思い出した読者も多いだろう。

　最後に、日本国の領土を巡る「**国際危機**」と呼ばれる状況がある。ロシア・中国・韓国などの近隣諸国と、北方領土・尖閣諸島・竹島などの領土を巡る緊張関係は今なお続いている。さらには南北に分かれた朝鮮半島の両国家の動向にも目が離せない状況が続いており、こうした緊張状態が戦争を引き起こす最大の要因とみなす見方もある。また、情報戦という観点から見れば常に戦争状態にあるのではないかという識者もいるぐらいである。これらの緊張した近隣諸国との関係性は、日本が東北アジアという場所に存在する限り解消することのない地政学上の問題であろう（中川、2009）。2020年のコロナ災禍について、国際危機として捉える識者もいる。つまり、新型コロナウイルス感染症（COVID-19）

を引き起こす SARS コロナウイルス 2 （SARS-CoV-2）は生物兵器としてみなすことができるということである。

　こうした危機を巡る認識について，人それぞれ見方に差があるかもしれない。自由に議論できるところが，民主主義国家としての日本のよさであろう。

　しかし，問題はこうした危機を管理（management）できるかどうかである。結論からいえば，危機は管理することはできないと考える。危機においては想定外のことが生起し，不確定な脅威がもたらされるため，私たちは緊急に対処して変化することが必要である。したがって，そもそもマネージメントすることができない事態であると捉えるべきであろう。本章では「管理」という用語は避け，「統治（ruling）」といういい方をする。危機は管理できないものだが，統治はできるものであろう。こうした考えを前提に，デジタルメディア活用との接点について考察していく。

2．災害に備える

（1）　危機の中にあるデジタルメディア

　危機とは想定外に生起するものである。言い換えれば，危機は日常生活の中にあって突然に襲ってくるものである。したがって，危機を事前に知るためには，日常生活に関わるあらゆる事象について常に監視をし，危機が生起する予兆をできるだけ早めに知ることが大切になる。

　「環境危機」のうち，自然災害については各種の予知や予報が行われており，その情報も電子的にデジタルメディアで流通しているものが多い。例えば 3.11 東日本大震災の際に，携帯電話に「緊急地震速報」が届いた経験を持つ人も多いだろう。さらには，豪雨災害についても最近多発しているという印象を持っている読者も多いだろう。一方で，ゲリ

ラ豪雨の予報は難しいともいわれ，自然災害を予知・予報する精度は地震学や気象学などの学問の発展に依存していることはいうまでもない。

　しかしながら，「環境危機」の中には「環境災害」と呼ばれる危機もある。地球温暖化は，人間の活動による二酸化炭素排出がその原因であるといわれるが，懐疑論もあり，二酸化炭素排出権取引を巡る国際政治上の駆け引きもあるため，科学以外の議論が絶えない。

　また，現代はグローバル社会であり，国際金融の「経済危機」の事態が，すぐに日常生活に直接に影響を及ぼしかねない状況に私たちはいる。日本の経済的な規模は大きく（例えば国民総生産 GNP は世界第3位），国内だけの問題だと捉えていたものが国際的な問題に直結することも起きている。各種経済指標もリアルタイムに電子的にも流通しており，他国の経済指標が日本の株式市場に大きな影響を与えることも珍しくない。デジタルメディアはすでに経済危機と密接な関係にあるといえるだろう。

（2）　危機に備える

　次に「危機に備える」ためのデジタルメディアを検討していこう。国家というレベルでは危機への備えとしては，「有事法制」や「非常事態宣言」と呼ばれている仕組みがある。例えば，日本には次のような法律があるが，3.11 東日本大震災の際に準用されることはなかった（佐々・渡部，2011）。

- ・自衛隊法第 76 条「防衛出動」
- ・警察法第 71 条，第 72 条「緊急事態の布告」
- ・武力攻撃事態等における国民保護のための措置に関する法律（国民保護法）第 107 条「放射性物質等による汚染の拡大の防止」

　2020 年のコロナ災禍においては，日本では，「新型インフルエンザ等

対策特別措置法」が改正されて「緊急事態宣言」が発令された。それに
対して，諸外国では「非常事態宣言」が発令され，ロックダウン，つま
り，都市封鎖や外出禁止の措置が取られたところも多かった。すでに
2011 年の東日本大震災の際に，日本においても，「非常事態宣言」が発
令できるように法整備が必要であるという議論があったことを思い出す
読者も多いだろう。

　自治体のレベルでも国家と同じように「条例」を定めており，危機に
備えて様々な対策をしている。例えば，災害対策として「防災・減災計
画」や「避難計画」などがある。

　放送大学がある千葉市のウェブサイトを詳しく見ていこう。まず，
トップページに実際には赤枠で「緊急情報」が明示されており，すぐに
その内容を確認できるようにしている（図 12-1）。「安全・安心のまち
づくり」のページ（図 12-2）を見ていくと，「救急・救命」「火災・防
火」「防災」「防犯」「その他安心・安全」という 5 つの項目について詳
細情報がある。「防災」の項目をさらに詳しく見ていくと，「わが家の危
機管理マニュアル」があり，「地震対策や火災対策，風水害対策，国民
保護，応急手当など，各ご家庭での備えに役立つ情報」が見られるよう
になっている。

　「千葉市防災ポータルサイト」は「リアルタイムに」「災害情報・緊急
情報を総合的に提供する Web サイト」である。さらに，「ちばし安全・
安心メール」というサービスも行っており，登録すると以下のような情
報を受信できる。

〈防犯〉
　　　・犯罪発生日報：空き巣やひったくりなどの発生情報
　　　・緊急防犯情報：緊急性の高い防犯に係る情報など
　　　・不審者情報：不審者の発生情報など

図 12-1　千葉市ホームページ：トップページ「緊急情報」
（出典：http://www.city.chiba.jp）（確認日：2021 年 2 月 16 日）

　　・ワンポイント防犯情報：多発している犯罪の対策や，市からのお
　　　知らせなど
〈防災〉
　　・気象警報・注意報，震度情報，津波警報・注意報，竜巻注意情
　　　報：気象庁発表の情報
　　・土砂災害警戒情報：千葉県と銚子気象台が共同して発表する情報
　　・災害時緊急情報：避難勧告などの災害時の緊急なお知らせ
　　・天気予報：配信日を含む 3 日間の天気予報
　　・大気汚染情報：光化学スモッグ警報・注意報，PM2.5 高濃度予
　　　測情報

図 12-2　千葉市「安全・安心のまちづくり」ページ
（出典：http://www.city.chiba.jp/kurashi/anzen/index.html）（確認日：2021 年 2 月 16 日）

　「関連防災地図」という項目にある「地図サービス」では，「防災施設」として「避難所・避難場所」「津波避難ビル」「広域避難場所」「非常用井戸等」「備蓄倉庫」「広報無線」を検索することができる。その他に，千葉市の「地震・風水害ハザードマップ」や「ICT 防災マップ（道路冠水履歴，建物等浸水履歴，低位地帯，土砂災害警戒区域等）」「地下道の安全対策（道路冠水注意箇所マップ）」が用意されている。

　「ちばし災害緊急速報メール」では，NTT ドコモの「緊急速報『エリアメール』」や，KDDI，ソフトバンクモバイルおよび楽天モバイルの「緊急速報メール」に対応している，千葉市域内にある携帯電話・スマートフォンに情報提供を行うとしている。

　災害用伝言ダイヤル「171」（NTT 東日本）へのリンクもある。これは「災害の発生により，被災地への通信が増加し，つながりにくい状況になった場合に提供が開始される声の伝言板です」との説明がある。さらに「Yahoo! 防災速報」へのリンクもあり，「自治体からの緊急情報」を配信している。

　千葉市は，様々なソーシャルメディアを活用している（図 12-3 に一覧を示す）。このように複数の情報発信のためのツールを有していることは，リスク管理の点からも有意味といえるだろう。

　ここまで紹介した千葉市のように，自治体は膨大な情報をインターネット上で公開しており，市民はそうした情報を得ることができる。自治体において携帯電話や防災無線だけではなく，ソーシャルメディアなどの様々なデジタルメディアが活用されていることが改めて分かるだろう。

　個人や家庭のレベルで「危機に備える」ことについて，最後に検討してみよう。

図 12-3　千葉市：ソーシャルメディア

（出典：https://www.city.chiba.jp/shimin/shimin/kohokocho/socialmedia/socialmedia.html）
（確認日：2021 年 2 月 26 日）

　危機に備えるために，個人も ICT を活用することができる。上記のように，自治体のコンテンツを確認しておき，近隣の避難場所などを把握しておくことはすぐにできることである。また，災害時にも情報を手に入れる ICT 機器は重要だが，電化製品であるため非常用の電源を確保しておく，電池を買っておく，自家発電器を用意しておくなどの対応も可能であろう。普段からいざという時に備えて節電をしながら使用するのもよいだろう。

3. 緊急災害時

　危機とは想定外のことに迅速に対応しなければならない事態である。したがって，それぞれの危機の状況に応じて，どのようにデジタルメディアが活用されるかは異なるだろう。緊急災害時のデジタルメディア活用は，事後のケース研究とならざるをえないのである。

　2011 年の 3.11 東日本大震災に関しても，様々な研究が行われ公表されてきている。この場合，1995 年の 1.17 阪神淡路大震災との比較が強調されることが多い。なぜなら，緊急災害時には，その時代の科学技術の進歩に対応したメディアが使われているはずであり，危機や緊急の状態に反映されやすいからである。とりわけデジタルメディアは比較の対象となりやすい。

　1.17 阪神淡路大震災が起こった 1995 年という年は，ICT という観点で注目してみると爆発的にパソコンが普及するきっかけとなった Microsoft 社の「Windows95」が発売された年にあたる。したがって，ネットも利用されていたが現在ほどではなく，主にパソコン通信が利用されていた。

　一方，3.11 東日本大震災の時には，ネットばかりか携帯電話やスマホも多く利用されることになり，いわゆる「**震災ビッグデータ**」が残さ

れた。これらのデータは研究用にも一部開放されている。つまり，一般
人が携帯端末を利用して災害時の静止画・動画を撮影しただけではな
く，カーナビも含めた各種の携帯端末の位置情報や，各種ソーシャルメ
ディアへの投稿など，多くの使用履歴がデータとして蓄積されたわけで
ある。

　高野・吉見・三浦（2012）は，以上のような状況を包括的に捉える観
点として「**311 情報学**」を提唱している。すなわち，以下の５つの情報
圏のダイナミックな重層として，この震災を巡って起きた，様々な情報
のやり取りを捉えようという試みである。

1. 日常生活圏
2. マスメディア圏
3. インターネット圏
4. 専門家圏
5. 行政機構圏

　これら情報圏では，情報ないしコミュニケーションのフレームが異な
るため，５つの情報圏をある程度独立したものとして捉えることができ
るとしている。そして，特に福島においては，さらに「6. 業界団体圏」
という情報圏も必要であるとしている。すなわち，特に福島においては
原発事故が起きた後もいまだに収束していないという状況があり，その
原発を運営してきた東京電力を主体とする情報圏が必要ということであ
る。

　東日本大震災においては，この６つの情報圏の重なりや交互作用の中
で，様々なデータが蓄積されてきており，それらを「震災アーカイブ
ス」として残していこうと提案している。その際には，例えば，長坂
（2012）の「311 まるごとアーカイブス」との連携の必要性もうたわれ
ている。

　東日本大震災に関連した研究は膨大にあるが，その中から興味深い事例を紹介しておこう。

　西田（2011）はICTを活用したボランティア，つまり情報ボランティアについて述べている。ソーシャル・ネットワーキング・サービス（SNS）によって安否情報や救援要請情報が伝播されたり，原子力工学や放射線医学の専門家がウェブサイトに情報をアップして，原発情報に関するセカンドオピニオンとして機能するなどといった事例が見られた。また，検索サイトのGoogleやYahoo! が震災関連のサイトを立ち上げて公益に資する活動を行ったことも注目すべきである。Google社等の呼びかけで開催された「東日本大震災ビッグデータワークショップ」においても，それぞれの企業や団体がボランティア精神を発揮して，本来であれば秘密にしておくべきデータを公開したと捉えることもできよう。

　田中・標葉・丸山（2012）は『災害弱者と情報弱者』とその書籍のタイトルにあるとおり，災害弱者と情報弱者とが重なっているという指摘をした。災害は社会システムにおいて最も脆弱な部分に，最も大きな災禍をもたらすとしている。

　福島原発事故では放射能による犠牲者ではなく，強制的な避難勧告による避難生活の最中に犠牲となる，いわゆる「震災関連死」による犠牲者が多数にのぼった。痛ましい限りであり，今後の対策が必要である。

　また，ロボット研究への動機が高まったことも指摘しておこう（例えば，井上（2012）など）。放射能で汚染された場所で各種の作業をすることができるロボットが，今ほど必要とされた時はないからである。そこで，例えば，原子炉内部の状態を知るためには，自律型のロボットが必要であるといわれる。原子炉内部の状態は完全には解明されていないので，想定外の状態に対して，その場その場で対応できるロボットが求

められているからである。

　最後に，田辺（2012）の指摘を紹介して本章を閉じることにする。すなわち，福島第一原子力発電所事故を巡っては，様々な事故調査報告書が出されてきたが，原子炉内の状況が不明であるばかりか，データや情報が完全に公開になっていないこともあり事故原因の分析は途上段階である。一方で，このような事故への備えに様々な問題があることは，以前から指摘されてきたことである。スリーマイル島，チェルノブイリにおいて過去に大きな原発事故が起きており，国際的には重大事故への対策が取られてきた。しかしながら，日本においてはそのような対策は無視されてきたといえよう。想定外のことをできるだけ少なくなるように備えておくことが必要であり，さらに，想定外のことが起きても対処できるだけの十分な能力と覚悟と責任とを持つことが必要である。そのためにこそ，人間の叡智が必要であるといえるだろう。

220

参考文献

井上猛雄『災害とロボット』（オーム社，2012年）

鎌田浩毅『西日本大震災に備えよ　日本列島大変動の時代』（PHP研究所，2015年）

長坂俊成『記憶と記録　311まるごとアーカイブス』（岩波書店，2012年）

中川八洋『地政学の論理　拡大するハートランドと日本の戦略』（徳間書店，2009年）

西田亮介「ソーシャルメディア時代の新しい社会貢献活動――『実感の連鎖』がもたらす結果としての社会参加」，西田亮介・塚越健司（編著）『「統治」を創造する』（春秋社，2011年）

佐々淳行・渡部昇一『国家の実力』（致知出版社，2011年）

高野明彦・吉見俊哉・三浦伸也『311情報学　メディアは何をどう伝えたか』（岩波書店，2012年）

田辺文也『メルトダウン』（岩波書店，2012年）

田中幹人・標葉隆馬・丸山紀一朗『災害弱者と情報弱者』（筑摩書房，2012年）

千葉市公式サイト　https://www.city.chiba.jp/（確認日　2021.10.26）

東日本大震災ビッグデータワークショップ-Project 311-
　　https://sites.google.com/site/prj311/（確認日　2021.10.26）

311まるごとアーカイブス　http://311archives.jp/（確認日　2021.10.26）

学習課題

1. 自宅や職場で，危機に直面したと想定して，どのような対応ができるか考えてみよう。特にデジタルメディアをどのように活用することができるか考えてみよう。

13 安全・安心とデジタルメディア

高橋秀明

《**目標＆ポイント**》 本科目は日常生活が普通に営まれていることが前提である。では，安全・安心に普通の日常生活を営むこととデジタルメディアとの関係にはどのようなものがあるのだろうか。また，その逆にデジタルメディアの利活用に関連した危険性にはどのようなものがあるのだろうか。具体例を挙げながら本章で検討してみたい。
《**キーワード**》 安全・安心，情報セキュリティ，防犯，危険性，メディアの効果

1．政治の安全・安心とデジタルメディア

　第12章「危機とデジタルメディア」で「危機」について考察した。すでに述べたように，危機とは想定外に生起することである。本章で扱う「危険性」とは，あらかじめ想定することができる不適応，不法，反社会性，異常，病気などのことである。第10章「政治とデジタルメディア」において，日常生活が営まれている基盤には政治の仕組みと働きとが正常であることが必要であることを説明した。言い換えれば，政治という面では国家や地方の自治体が正常に営まれていることが日常生活の前提である。それぞれがどのように安全・安心を生み出しているのかを見ていきたい。

（1）　国家
　国家は，領土，国民，主権という3つの要素を持つといわれる。その

いずれでも，安全・安心を担保するために，様々な形でICTを活用することがなされている。例えば，領土について考えてみよう。領土とは国境線で区切られた区域である。国家にとって領土の地理的な状況を把握しておくことが大切であるため，様々な地図情報が使われており電子的にも流通している。

　領土は過去の歴史の結果で現在の領土が確定している。したがって，領土に関わる過去の歴史（主には，対外戦争や条約批准の歴史）についての知識を知っておくことが不可欠である。ここにおいても，電子的に流通しているコンテンツを参照することができる。

　次に，国民について考えてみよう。国民とは，国籍を有する人々である。第3章「パーソナルメディア」の中で説明したように，一人一人の同一性（identification）を証明するために，日本では運転免許証や保険証，パスポート，マイナンバーカードなどが使われる。それらは住民票の元になる「住民基本台帳ネットワークシステム」に登録されることで，情報の妥当性が担保されている。

　こうした個人認証の1つに，指紋や虹彩など個人の生体情報に基づくものがある。国から国へ移動する入国審査の際に，個人の生体情報が取得され，過去の犯罪者データベースと照合して，国境で不審者の入国を阻止するということも実際に行われている。

　サイバーテロリズム（cyber-terrorism）についても簡単に触れておこう。まず，テロリズムとは非合法組織による暴力であり，戦争などの危機とは区別する必要があるだろう。戦争は外交の一形態であり合法的に遂行されるからである。ゆえにサイバーテロについては本章で扱う。

　国家という大きな単位でも，もはやインターネットに代表されるデジタルメディアの利活用を前提として諸活動が行われているのは説明不要であろう。そして，国家というネットワークを対象にしたテロリズムは

「サイバーテロ」と呼ばれ，単に「サイバー攻撃（cyberattack）」とい
う場合もある。

　サイバーテロの主体は，悪意を持って他人のコンピュータのデータや
プログラムを盗み見たり改ざん・破壊などを行う「クラッカー（crack-
er)」と呼ばれる専門家が個人として参加する場合もあるが，最近では
国家同士の情報戦の一部として行われているといわれている。つまり，
「サイバー戦争（cyberwarfare）」との境界が見えにくくなっている。

（2）　地方自治体・企業などの組織

　2011年3月11日に起きた東日本大震災により，東北地方の太平洋沿
岸にある多くの地方自治体の機能が麻痺した。自治体の官舎自体が津波
や地震によって流されたり壊されたりしたことによって，行政の機能を
果たすために必須の各種のICT機器までも破壊され，情報が喪失して
しまった。

　震災後，こうした非常時に備えるために自家発電装置を導入する，ま
た機器の設置場所の耐震性を高めて安全を担保する，リスクを分散させ
るために情報はクラウドサービスを利用するなどが行われるようになっ
てきた。

　企業などの組織においても同じことがいえるだろう。企業の活動が円
滑に行われるように，利用している情報システムの**情報セキュリティ**を
管理しておくことが大切である（組織での情報セキュリティについては
国際規格であるISO/IEC27000シリーズなどを参照のこと）。

　ここでは組織の代表として，放送大学での情報セキュリティを紹介し
よう（図13-1参照）。放送大学にも情報セキュリティポリシー基本方針
が存在する。

　この基本方針に基づいて，放送大学が提供するICTの利用者向けの

224

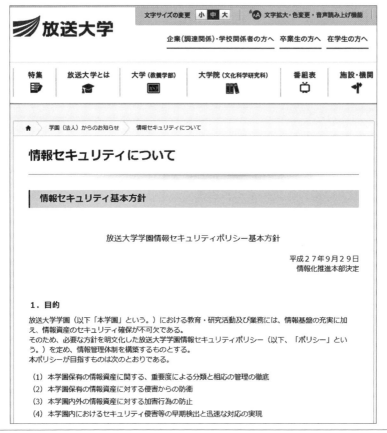

図 13-1　放送大学学園情報セキュリティポリシー基本方針
(出典：https://www.ouj.ac.jp/hp/osirase/policy/kihonhoushin.html)

ガイドラインも整備されている。ここでは，利用者のうち学生用のガイ
ドラインを紹介しよう。このガイドラインは，放送大学の学生用のもの
であるが，学生に限らず，日常生活において ICT を活用する場合のガ
イドとしても役立つであろう。

- 基本事項：学習目的のみに利用する

  学生が企業に勤めているのであれば，当然であるが，会社のパソコンは，会社の仕事のみに使用することになる。
- ID とパスワード

  大学での使用に限らず，日常生活でこそ，注意するべきである。
- ウイルス対策

  上と同様，大学での使用に限らず，日常生活でこそ，注意するべきである。
- 禁止事項

  著作権などの違反により，処罰の対象となる。
- メール，掲示板，SNS の利用（いわゆるネチケット）

  他人に迷惑をかけないということ，名誉毀損，誹謗中傷など。これらも，大学での使用に限らず，日常生活でこそ，注意するべきである。

　以上のことは，一般企業においても当てはまる。企業の活動が円滑に行われるように，利用している情報システムの情報セキュリティを管理しておくことが大切である。

2. 経済の安全・安心とデジタルメディア

　日常生活が営まれている基盤には，政治と同じように，経済的な仕組みと働きとが正常であることが前提である。

　経済の面では，具体的にはライフライン・インフラストラクチャーが正常に営まれていることが前提となる。すなわち，「電気」「ガス」「上下水道」「公共交通」「電話」「インターネット」であり，これらは当該のモノの挙動をセンサー技術で監視することができる。例えば，実際に

電気が流れているか，ガスが流れているかなどである。

　同時に，当該の設備に何らかの危害を与えるもの（人に限定されない）がいないことを，監視カメラで映像をモニターして監視されている。監視カメラでのモニターによる監視は，人が集まるところや危害を加えられると危険度が増えるものなどに常設されることになる。具体的には，交通に関連して，空港，道路，橋梁，港湾などに，また，非常時には避難所やロジスティックスの拠点となりえる公園などに監視システムが設置されている。

　ここで，防犯について，樋村（2003）を参考にして，特にデジタルメディアとの関係について簡単に考えてみよう。**防犯**とは，文字通り，犯罪を防ぐことであるが，そのためには，犯罪について知り，犯罪を予防することが必要となる。

　犯罪とは人が犯す罪であるので，心理学の観点から，犯罪について様々な観点から研究が行われている。犯罪者の心理的特性，犯罪を起こすに至る心理的なプロセス，社会心理学からの犯罪情報分析，環境心理学からの犯罪環境論的な分析などである。

　防犯への対策として，このような心理学研究の成果も踏まえ，様々な対策を取ることができ，ICT を活用することも行われている。例えば，再犯率の高い犯罪についてはその情報を地域住民で共有しておく，犯罪率の高い地域を地図情報で明示しておき監視を強めておく（具体的には，監視カメラの密度を増やしておく，住民監視や情報共有を高めるなど），犯罪を未然に防ぐことができるように様々な死角を作らないなどである。

　最近，学校などでのいじめや体罰問題がマスコミをにぎわせている。そこで，例えば，学校やスポーツ施設に監視カメラを設置することで，いじめや体罰の防止になるという議論もある。同じように，ゴミの不法

投棄を防止するために，監視カメラを設置するということも行われている。

　なお，監視とは，監視カメラに限定されるのではなく画像を含めて様々な個人データが対象になる（ライアン，2002）。反対に，子供や高齢者を「見守る」ために，ICT を活用することも行われており，商品化がされている。例えば，家庭に監視カメラを設置しておいたり，携帯電話で子供の位置情報を把握したりする警備会社のサービスなどである。

3．個人・家族の安全・安心とデジタルメディア

　すでに第11章で健康について触れているため，本節では主に「衣食住」の安全・安心に関わることについて検討してみよう。

　まず，保険について考えてみよう。保険とは，安全・安心が脅かされるようなことが起きた場合に，保険金が給付される制度である。情報学が成立する1つの起源として統計学や確率論があるので，ICT が駆使されて様々な事象のリスクを対象にして，保険の仕組みが研究開発され，商品化されたものである。

　社会保険には医療，介護，年金，雇用，労災などがあるが，それ以外にも本節に関連するものとして損害保険がある。すなわち，火災保険，自動車保険，傷害保険などである（丸谷，2020）。衣食住の基本的な単位は家庭であり，家屋である。そこで1軒の家の安全・安心について考えよう。

　まず，建物を制震の技術で守るということがある。制震には，建物の振動を制御するために ICT も利用されている。火災対策として，火災報知器，スプリンクラー，消火器などがある。訪問者を事前に（ドアを開ける前に）知るために，自宅にカメラ付きのインターホンを設置して

いる人も多いだろう。

　戸締まりのためにはカギをかける。一般家庭用のカギには少ないであろうがホテルのカードキーなどにはICカードのものもあり，部屋のカギの機能だけではなくホテルの建物そのものへ入るためのカギとなっているものもあるし，ホテルの中での食事や買い物を記録できるものもある。

　最近では，家電や設備機器を情報化配線等で接続し最適制御を行う「スマートハウス」などの普及が進められている。3.11東日本大震災以降に節電の意識が高まったといわれているが，ICT機器や家電製品は電気がないと使用することができない。そこで家庭での自家発電として太陽光発電機や手回しでの発電機を設置したり，住居内の全ての電化製品をネットワーク化し消費電力をモニターしておいたり，そもそも消費電力の小さい電化製品に切り替えたり，さらには利用時間をシフトして安い電気料金での使用に切り替えたりなど，賢いスマートな電気の利用の仕方を実現するためにスマートハウスの考え方が導入され，商品化もされている。

　例えば，HEMS（Home Energy Management System）と呼ばれるが，センサーやIT技術を利用して家全体のエネルギーの利用状況を可視化し，さらに制御して，省エネに繋げようという試みが実際になされている。

　同様に，自動車についても，従来の単なる移動手段としての自動車ではなく，電源装置としての自動車，ICT機器としての自動車という考え方が登場した。すなわち，電気自動車やハイブリッド自動車が住宅との間で電気のやり取りをし，停電時には自動車から住宅に電気を供給するという利用方法が可能になっているのである。また，自動車におけるICT機器はカーナビに代表されるが，それ以外にも各種の情報通信技

術によって自動運転や自動停止，障害物の自動回避などの自動車についての技術開発も行われており，商品化されているものもある。

4．デジタルメディアの危険性

　本節では，デジタルメディアの**危険性**について検討してみたい。情報セキュリティに関連することは，前節までで検討しているので，それ以外の危険性ということで，不適応，病気，異常，暴力，不法，反社会性，反倫理などについて紹介する。

　まず，「異常」はデジタルメディアの利活用が異常である，ということである。遠藤・山本（2011）は仕事現場において「IT 中毒」と呼んでいる現象が，2006 年には兆候があり，2010 年には危機的状況になったとしている。人間の情報処理能力を大幅に超えた情報とコミュニケーションに追いまくられ，皆が中毒の自覚症状がないとしている。具体的には次のような状態に置かれる。

　　　・情報とコミュニケーションの洪水・氾濫状態
　　　・良質・有益なアナログ時間の激減
　　　・人の本質的な効率と創造性が劣化

　その対策として「IT 断食」が勧められており，過度の ICT 依存の戒めとして参考になるだろう。また，3.11 東日本大震災でも，ヤマト運輸の宅急便サービスがいち早く復旧した理由として，ICT に依存せずそれぞれの現場の状況に自らも被災者であったセールスドライバーが柔軟に対応したことがあげられており，大変興味深い話である。

　次に「不適応」や「病気」について紹介しよう。心理学において，メディアが人間に及ぼす影響に関する研究がたくさんある。

　メディアとは情報を伝達する媒体，ということであるが，文書のデザ

インの仕方（文字の大きさ，フォントの種類，文書のレイアウトなど），図表，マンガといった媒体から，映像やテレビ，テレビゲーム，ネットなどが研究対象となっている。それらのメディアが人間の心理（能力，性格，遂行など）に及ぼす影響や関係について研究されている。例えば，「映像・テレビ・テレビゲームの暴力映像が人間の攻撃性を高めるのか」といったことが主な研究テーマである。マンガが出始めた頃「マンガはよくない」という言説が流れたことも同じことである。

　同じように，メディアが人間の身体に及ぼす影響についても，生理学的な研究が行われている。ICT 機器が発する電磁波が人間に及ぼす影響，デジタル信号という人工的な音や映像が人間に及ぼす影響，など様々な研究がある。

　しかしながら，このような人間の心理や身体に及ぼす**メディアの効果**を科学的に研究することは極めて困難である。人間が相手であるので，倫理的な問題もあり，極端な実験条件での実験は不可能であるし，練習効果もすぐに起きてしまうので単純な追試さえできない。因果関係を見出すには，かく乱変数，剰余変数が多過ぎて実験が成立しないのである。相関関係を見出す程度がせいぜいとなる。

　なお，メディアの人間への影響について，井上（2004）の議論が参考になるので簡単に紹介しておこう。井上はメディアの影響を，個人に及ぶものと社会的なものとに大別できるとしている。個人に及ぶものは，上述の通り，個人を対象にした心理・生理的な研究で対象とされてきたものであるが，井上はさらに，即時効果と長期効果というように影響の出る時間によって区別をしている。長期効果には潜伏期間もあり，因果関係も複雑になることはいうまでもないであろう。また，長期効果は個人へのミクロな影響にとどまらず，社会制度というマクロな影響へ発展していくこともあるとしている。メディアが政治経済的に影響力を持つ

人物（例えば，国家元首や大企業経営者）に影響を与えると，同時に社会的な大改革に繋がることもあるとしている。

　さて一方で，事例をもって「異常」とみなされ，マスコミなどで過剰に報道されることもある。例えば，テレビゲームに熱中し過ぎて脳が萎縮する（ゲーム脳）や，ネットゲームに熱中し過ぎて精神に異常をきたす（ネトゲ廃人），など，一度は聞いたことがあるネーミングであろう。これらの存在は必ずしも科学的に証明されているとはいえないが，メディア依存の程度が過ぎると心身によくないことは真実であろう。

　例えば，ケータイメール依存の尺度として，次のような項目がある（坂元，2011）。いくつか当てはまる項目があるのではないだろうか。

- ・相手からなかなかメールの返事が来ないと，不安になる
- ・自分がメールを出しても，返事がすぐに来ないとさびしい
- ・メールのやり取りを 1 日に 20 通以上もしてしまう
- ・人と話しながらでも，メールを打つことがある
- ・大事な話を口頭や面と向かってするのではなく，メールで済ませてしまうことがある

　さて，ここからはデジタルメディアの「暴力」「不法」「反社会性」「反倫理」などに話題を移そう。先ほど「メディアの暴力映像が人間の攻撃性を高めるか」ということを書いたが，さらに，他人を攻撃する行動に至るには何段ものプロセスがあるため，その因果関係を科学的に証明することは難しい。しかし，そのように考えることができると考えられ，マスコミなどで報道された事例があることもまた事実である。

　有名な例に，1988〜1989 年に発生した「東京・埼玉連続幼女誘拐殺人事件」がある。犯人の M にはホラーや児童ポルノの嗜好があり，そうした嗜好が犯行へ影響したと報道された。現在では，暴力映像などコ

ンテンツの内容に応じて視聴可能な年齢をパッケージなどに明示してお
くことがなされている。また，ウェブコンテンツには「フィルタリング
(filtering)」と呼ばれる技術によって，いわゆる有害サイトへのアクセ
スができないようにすることも可能である。

　デジタルメディアの利活用における「炎上（Flaming，フレーミン
グ）」や「祭り」といわれる現象もここで紹介しておこう。「炎上」と
は，電子掲示板やSNS，ブログなどで，相手を罵ったり侮辱したりす
ることが過度になされることをいう。対面でのコミュニケーションでは
ないので，微妙なニュアンスや雰囲気などは伝わりにくく，ちょっとし
た表現に敏感に反応してしまう，また，そのやり取りを見ていた別人が
さらに問題を大きくしてしまい拡散してしまうなどがその発生のメカニ
ズムである。コメントを受けつけない，ブログを閉鎖してしまうなどの
事態になることもある。

　「炎上」は，いわゆる「ネットいじめ」にも繋がりやすい。自己紹介
を書く「プロフ」などのサービスにおいて，他人を傷つける投稿が頻発
して起こっている。

　また，反対に全く相手にされないというネットによる「村八分」も起
こっている。GoogleやYahoo! など検索エンジンにおいて特定のサイト
が検索に表示されない，故意に（仲間と密かに口裏を合わせて）特定の
人からのメールを無視するなど，様々なレベルで「村八分」は起きてい
る。

　（デジタル）メディアに流通するコンテンツが宗教問題を引き起こす
ことも，マスコミなどで盛んに報道されているため，知っている読者が
多いだろう。例えば，『悪魔の詩』という小説を巡っては，当時の宗教
指導者が出版に関わる者に死刑を宣告し，日本では翻訳した大学教授が
大学構内で何者かに殺害されるという事件まで起きた。最近でも，2011

年にアメリカで製作された映画の一部が 2012 年に動画投稿サイト「YouTube」に投稿されたが，その内容がイスラム教を風刺しているということで，イスラム社会のテレビで紹介され，イスラム教徒を憤慨させることになった。そして動画を投稿した人だけでなく，その国への憎悪の感情が高まり暴動が起きた。発端は YouTube であっても，それを問題視する投稿は別の SNS を通してあっという間に拡散し，デモの動員もすぐにできてしまうのが現在のデジタルメディアを取り巻く環境である。

　なお，デジタルメディアを利用した「犯罪」にも簡単に触れておこう。コンピュータ・ウイルスによる犯罪や迷惑行為，なりすましや遠隔操作なども情報漏えいやプライバシー侵害など情報セキュリティに関連することである（山田・辰己，2018）。

　SF（サイエンス・フィクション）ではよく描かれていることであるが，近い将来にロボットによる物理的な攻撃も可能になるであろう。現に，産業用ロボットによる事件や事故は起きている。

　本章で述べてきたように，デジタルメディアは，ネットワーク化されていることが常であるので，個人を監視することが容易にできてしまう。しかし，それは個人の自由を制限することにも容易に繋がってしまう。

　例えば，3.11 東日本大震災を契機に，節電の意識が高まったといわれるが，その背景には地球温暖化や環境との共生というようなエコロジー思想がある。3.11 を契機に実際に節電を実践した人も多いと思うが，確かに無駄な電気を使うことは控えるべきであろう。しかし，その一方で自由に電気を使えないことは不便であり，窮屈に思った人もまた多いであろう。

　2020 年からのコロナ災禍において，メディアの人間への心理的影響

とみなすことができる事例は頻発している。ウイルスの大流行は「パンデミック」といわれるが，情報を意味する「インフォメーション」と組み合わせて「インフォデミック（infodemic）」といわれている現象である。つまり，従来のマスメディアばかりでなく，ソーシャルメディアやパーソナルメディアを通して，大量の情報にさらされて私たちは生活しているが，不正確な情報や誤った情報が急速に人々に拡散してしまい，一人一人に影響するばかりか，社会にも影響を及ぼすことをいう。より広い概念としては，メディア・レイプといわれる。コロナ災禍の収束は見えないが，私たちは，一人一人がメディアリテラシーを高めていく必要がある，ということである。

　このようにデジタルメディアを利活用することにより，日常生活の諸活動が便利になった半面で，様々な制約を受ける，場合によっては知らないうちに制約を受けていたということもあり，危険な面も多分に含まれている。「このバランスをどのように取るのか」は，読者に開かれた問題であると指摘し，本章を終わることにしよう。

参考文献

遠藤功・山本孝昭『「IT断食」のすすめ』（日本経済新聞出版社，2011年）
井上泰浩『メディア・リテラシー 媒体と情報の構造学』（日本評論社，2004年）
小出治（監修）・樋村恭一（編集）『都市の防犯 工学・心理学からのアプローチ』
（北大路書房，2003年）
ライアン，デイヴィッド.，河村一郎訳『監視社会』（青土社，2002年）
丸谷浩介『ライフステージと社会保障』（放送大学教育振興会，2020年）
坂元章（編著）『メディアとパーソナリティ』（ナカニシヤ出版，2011年）
山田恒夫・辰己丈夫（編著）『情報セキュリティと情報倫理』（放送大学教育振興
会，2018年）
放送大学学園「情報セキュリティポリシー基本方針」
https://www.ouj.ac.jp/hp/osirase/policy/kihonhoushin.html（確認日 2021.10.26）

学習課題

1. 読者が所属している（放送大学以外の）組織で，どのような情報セキュリティ
ポリシーが制定されているかを調べてみよう。
2. デジタルメディアの利活用を振り返ってみて，「IT断食」が必要か否かを検討
してみよう。

14 デジタルメディアと個人

青木久美子

《**目標＆ポイント**》 本章では，デジタルメディアと個人との関係について考察する。デジタルメディアの普及により，日常生活の便利さやコミュニケーションや仕事の効率度が増す一方，そういった恩恵を受けるためには個人の情報を提供したり，また，知らないうちに様々な軌跡をオンライン上に残したりしている。それを商品として利益をあげるプラットフォーム企業の存在も否めず，デジタル社会においてプライバシーや個人情報保護の問題は簡単ではない。ネット上に存在する様々な個人情報の取り扱いについて，プライバシーとアイデンティティの観点から考えるとともに，情報銀行といった新しい取り組みについても紹介する。

《**キーワード**》オンラインプライバシー，個人情報保護法，プライバシー・パラドックス，個人情報保護委員会，匿名加工情報，仮名加工情報，一般データ保護規則（GDPR），オプトイン（事前同意），データポータビリティ権，忘れられる権利，デジタルタトゥー，デジタル遺産，デジタルアイデンティティ，デジタルアイデンティティ3.0，ネットワーク効果，バイラル効果，信用スコア，情報銀行，情報利用信用銀行，情報信託銀行，パーソナルデータストア

1. はじめに

　前章で，デジタルメディアが我々の日常生活にどのように影響を及ぼしているのか，様々な側面から考察してきた。スマートフォンやタブレット端末といったデジタルメディアを常に携帯するようになったことにより，場所や時間にとらわれず情報を得たりコミュニケーションを

図ったりすることが可能となった。また，いつでもどこでも買い物をしたり，様々なコンテンツを視聴したり，予約をしたり，学んだりすることもできるようになった。デジタルメディアの活用によって生活が便利になり，効率が高くなったことは否定できない事実であろう。

　デジタルメディアはこういった我々の日々の活動の全てを記録していて，デジタルメディアの使用全てにおいてその足跡を我々は残している。デジタルデバイスを使用するにあたって，最近のデバイスは立ち上げからインターネット接続を前提にしており，ログインから，壁紙の設定・検索結果・位置情報・閲覧履歴・文字入力等，様々なプライバシー情報がサーバーに自動送信されるようになっている。また，写真や動画，文書ファイルなど，様々なデータをクラウドにも保管し同期させることによって，ローカルなストレージの容量を拡張できる。さらには，複数のデバイスで違う場所にいても同じファイルにアクセスすることができるが，このようなクラウドの使用に関するプライバシーの設定を十分理解せずに利用していることも多い。もちろん，こういったデータは個人が特定される形で残るわけではなく，他のデバイスとの同期，あるいはアプリ等の機能改善，検索結果の適合性の向上，ユーザの嗜好に合った広告表示といった目的のために収集されているものではある。また，こういったデータが蓄積されることにより，我々個人の行動や嗜好が集合体としてビッグデータとして記録され，それが人工知能（AI）によって凄まじい速さで分析され，人間や社会のより深い理解に繋がることは否めない。一方で，人工知能によるビッグデータの分析が，必ずしも現実を正確に反映しているとは限らないし，我々ユーザが作り出したデータがユーザの知らないところで，知らない目的で使われることに倫理的な問題を感じることもある。我々個人の一挙一動がデジタルの足跡として残るが，そういった形で創出されるデータは一体誰のものなの

であろうか。また，個人のプライバシーはどこまで保護されるべきものなのであろうか。

2．オンラインプライバシー

　第4章でプライバシーについて少々触れたが，ここで，今一度掘り下げて考えてみる。プライバシーは，私生活上の事柄をみだりに公開されない法的な保障と権利（日本民間放送連盟，2007）であり，プライバシーの侵害はその権利を侵害するものであるが，デジタルメディアやオンライン上におけるプライバシーはどのように保護されているのであろうか。プライバシーの大きな要素である個人情報について考えてみよう。

　プライバシーが法律上の権利として考えられるようになったのは，1890年にアメリカの弁護士サミュエル・D.ウォーレン（Samuel D. Warren）とルイス・ブランダイス（Louis Brandeis）が執筆した「プライバシーの権利」（The Right to Privacy）という論文が発表されたところに始まる。この論文では，プライバシーの権利とは「一人でいさせてもらう権利（the right to be let alone）」であると定義づけられている。

　1995年になると，プライバシーの権利を自己に関する情報に対する取扱いをコントロールする権利であるという考え方が強まり，EUのデータ保護指令（正式名称：個人データ処理に係る個人の保護及び当該データの自由な移動に関する指令）では，個人情報の扱いに関する同意（インフォームド・コンセント）が必要であることを述べている。

　日本においても，2003年5月23日に**個人情報保護法**（個人情報の保護に関する法律）が成立し，個人情報取扱事業者に対する監督が義務づけられ，個人情報取扱事業者に対する個人情報の利用目的の特定，利用目的の制限，適正な取得，取得に際しての利用目的の通知等が定められるようになった。日本において個人情報とは「生存する個人に関する情

報であって，氏名，生年月日，その他の記述等により特定の個人を識別することができるもの，個人識別符号が含まれるもの」と定義づけられている。

　デジタルメディアの活用によって，ユーザの行動や開示した様々な個人情報が，国内にとどまらず，国境を越えて収集・蓄積・共有がなされ，それらは検索可能であり，商用価値の高いものになっている。ネット上の様々な情報へのアクセスやサービスの使用には，情報やサービスの提供者への個人情報の使用に関するプライバシーポリシーの承諾が必要ではあるが，承諾をしなければ欲しい情報へのアクセスやサービスの享受にあずかれないことから，ある意味ではユーザは承諾する以外選択の余地がないともいえよう。2010 年 1 月には，Facebook 社の創立者であるマーク・ザッカーバーグが「プライバシーはもはや社会規範ではない」と述べ，Facebook 社のビジネスモデルとして，ユーザの閲覧履歴やモバイルアプリの足跡をデータ化し，ターゲティング広告に活用していることが注目された。

　複雑なプライバシーポリシーを完全に理解することは一般の人にとっては多大な努力を要するものであり，「**プライバシー・パラドックス**（Privacy Paradox）」（Norberg, Horne & Horne, 2007）といわれるように，人は，プライバシーに対する不安が高いにもかかわらず，利便性に走って，必ずしもプライバシーを守るような行動をしないと考えられている。

　ソーシャルメディアの運営に関しては，集められた個人情報は無料で情報やサービスを提供する側の商品でもあり，この個人情報の収集の可能性を基に様々なネット上のビジネスが成り立っているともいえる。デジタルメディアが普及する以前は，個人のほとんどの行動や情報はプライベートなものであり，それをパブリックにすることに多大な努力を要

したのであるが，デジタルメディアが普及した今日ではその逆で，ほとんどの情報はパブリックであり，それをプライベートにとどめておくことに多大な努力を要するようになったのである。ネット上では，全てがパブリックであることが当たり前であり，個人の努力によってのみ，プライベートなスペースが確保されるといっても過言ではなかろう。デジタルメディアでは，パブリックとプライベートの境界が曖昧になっていることを十分認知しないでいると，SNSの活用によって全く意図していなかった他人にプライベート情報が伝達されるといったことに驚愕してしまうことになりかねない。

　電話や手紙といった，アナログな時代にはほぼプライベートであると考えられていたコミュニケーションの手段も，デジタル化されることによって簡単にパブリックな情報になりえるのである。デジタルな活動が軌跡を残すといった事実のみならず，そういった個人の軌跡の情報がますます商用的に有益なものになってきていることも否めない。ソーシャルメディアは，ユーザが様々な情報を共有するプラットフォームとして使うソーシャルな面がある一方，ユーザの様々な情報に基づいて広告を提示することで広告収入を得ているビジネスであることも事実であるからである。ユーザにしてみれば，友人知人と情報共有する意図で使っていたプラットフォームにおいて，そのプラットフォーム上で共有した情報全てが他の目的で使われている，ということになる。また，ソーシャルメディアの普及によって，家庭・学校・職場，私的領域・公的領域，ソーシャル・コマーシャルといった以前は分離されていた場が，1つに溶け込んできており，こういった場の融合がプライバシーの問題をさらに複雑化しているともいえる。

　日本では2015年9月に個人情報保護法が10年ぶりに改正され，2016年1月には独立性の高い第三者機関として**個人情報保護委員会**が設置さ

れ，2017 年 5 月には改正法が全面施行されるに至った。この法改正では，（1）身体の一部の特徴をデータ化した文字，番号，記号その他の符号や，（2）サービス利用者や個人に発行される書類等に割り当てられた文字，番号，記号その他の符号のうち，政令で定めるものを「個人識別符号」として，これが含まれるものを「個人情報」とするとして，個人情報の保護対象を明確化した。また，特定の個人を識別することができないように個人情報を加工したものを**匿名加工情報**と定義して，その取扱いについての規律を設けるとともに，事業者が個人情報を取得した時の利用目的から新たな利用目的へ変更することを制限する規定を緩和した。いずれも，個人情報の保護という観点のみならず，ビッグデータの効果的な活用の促進による産業の創出や活性化を目的としたものである。

　2020 年 6 月に成立した改正個人情報保護法では，**仮名加工情報**制度が導入された。仮名加工情報と上述の匿名加工情報の違いは，他の情報と照合することで特定の個人を識別できるかどうか，である。匿名加工情報においては，特定の個人を識別することは不可能であるが，仮名加工情報は，他の情報と照合すれば個人が識別できてしまう。したがって個人情報保護法の中では，仮名加工情報は個人情報であり，原則第三者に提供するには本人の同意がなければいけない。匿名加工情報ほど厳しくない仮名加工情報という制度の創設により，データの有用性をできる限り低減させることなく，データの量を維持することが可能となり，ビッグデータを継続的に利活用できるようにすることが背景にある。

　2020 年の改正個人情報保護法では，仮名加工情報制度の創設に加えて，ウェブサイトの閲覧履歴を収集・追跡するクッキー（Cookie）の規制の強化も図られ，クッキーを個人情報と連携させる場合に，データ利活用に関する同意を本人に求めることが義務づけられるようになった。

これの発端となったのが，2019年に起きたリクルートキャリアによる
内定辞退率のデータ提供である。リクルートキャリアが，就職活動に利
用したサイトでユーザである学生に無断でクッキー情報を利用したこと
が問題視された。

　日本に先んじて，EUでは，2016年4月に上述した「データ保護指
令」を修正した「**一般データ保護規則（General Data Protection Regu-
lation，GDPR）**」が欧州議会の本会議で可決され，2018年5月に施行
されている。この新規則では，「氏名」「位置データ」「オンライン識別
子」および「遺伝子的固有性」が個人識別符号として追加されており，
日本の改正個人情報保護法よりもさらに踏み込んだ定義をしている。こ
の規則では，個人データを「識別されたまたは識別されうる自然人に関
するあらゆる情報を意味する。識別されうる自然人は，特に，氏名，識
別番号，位置データ，オンライン識別子のような識別子，または当該自
然人に関する物理的，生理的，遺伝子的，精神的，経済的，文化的若し
くは社会的アイデンティティに特有な一つもしくは複数の要素を参照す
ることによって，直接的にまたは間接的に，識別されうる者をいう」と
し，広い概念で取り扱っている。また，個人データを取り扱うために
は，「本人の明確な同意」が必要であるとしてあり，この基本原則に違
反した場合には，課徴金として最大で2000万ユーロまたは全世界の総
売上の最大4％のいずれか高い方が課されると定められている。ここで
もクッキーを利用する場合にはユーザの**オプトイン（事前同意）**が必要
となり，また，取得データの活用目的も明示しなければならないことに
なっている。

　このような世界各国での個人情報活用に関する規制強化の動きを受け
て，Apple社も，2017年から同社が提供するウェブブラウザーである
Safariにサードパーティクッキーの追跡を制限するITP（Intelligent

Tracking Prevention）を搭載し，ユーザ自らが追跡データを管理できる機能を追加している。また，iPhone や iPad 向けアプリを販売する App Store において，アプリ提供者は，使用状況・連絡先情報・位置情報といった個人情報をどのように使い，どのデータが追跡する目的で使われるのかを明示する必要があり，ユーザが事前に許可しない限り，アプリが個人情報を集めて行動を追跡したり，ユーザのデバイスへ広告を配信したりできないとした。Google 社も，提供するウェブブラウザーである Chrome でのサードパーティクッキーのサポートを 2022 年までに廃止すると発表しているように，ベンダー自身のユーザのプライバシー保護の自主規制も進んできている。

　EU の一般データ保護規則（GDPR）のもう 1 つの特徴に，**データポータビリティ権**が定められていることがある。それは「個人には，自己が事業者に提供した個人データについてコンピュータで判読できる形式で受け取る権利と，その個人データを他の事業者に移す権利が与えられている」ものである。データポータビリティができないと，ユーザは特定の事業者が提供するサービスを活用するにおいて蓄積したデータを，新しく活用を考えている事業者に持っていくことができず，新しい事業者のサービスにおいて，またデータを 0 から入力・蓄積しなければならず，煩雑になることから，簡単に事業者を乗り換えることができない。データポータビリティ権があれば，利用履歴データなどをユーザが電子的に扱いやすい形式で取り出して，別の企業に移すことができ，企業間のサービス競争を促すことができるし，ユーザが自らデータをコントロールできる。

　個人に関するデータは，ネット上の様々な文脈で収集され共有・流通されており，それら全てのやりとりの文脈を個人が理解するのは不可能である。デジタルの時代には個人情報保護やプライバシーの考え方自体

が見直されるべきであると考えられ始めている。プライバシーを固定したユニバーサルな概念と捉えるのではなく，状況によって変化する枠組みであると捉える考え方である。

　このプライバシーの考え方の新しい枠組みとして，Mai（2016）は，（1）監視モデル（The panopticon model），（2）キャプチャーモデル（The capture model），（3）データ化モデル（The datafication model）の3つがあるとしている。（1）の監視モデルは，個人は常に政府などの権威組織によって監視されており，個人はプライベートな領域を監視者に侵害されないよう気をつけなければいけない，という考え方であり，（2）のキャプチャーモデルは，行動のデータ化に焦点を置き，データをキャプチャーする，という観点から考える見方である。（3）のデータ化モデルでは，データの収集に主眼を置くのではなく，データの処理や分析に焦点を当てる。個々の個人情報の流通をコントロールするのではなく，収集された個人情報が処理され分析された結果から見えてくる現実を問題とするのである。ビッグデータの時代には，収集されたデータがどのようにして関連づけられ，分析されて，ある特定の個人についての新しい情報が創出されているのかの透明性が問われる時代になってきているのである。

3．忘れられる権利

　ネット上のデジタルな情報は，瞬時に複製が作られ拡散する。そのため，いったんネット上で拡散した情報は完全削除することは困難となる。古くなってしまった情報でも，そのコピーはどこかに存在し続け，消し去ることができなくなっている。あるスペイン人男性が，社会保障費を滞納していたため家屋を売却しなければならなかったことが1998年の新聞に載り，2009年にそのオンライン版へのリンクの削除を

Google スペインに要請したところ拒否されたため，訴訟を起こし，結果，2014 年 5 月に，欧州司法裁判所が Google にリンク削除を求める判決を下したことから，「**忘れられる権利**（the right to be forgotten）」というものが議論されるようになった。

　EU では，前述した「一般データ保護規則（GDPR）」の第 17 条で，「データ主体（本人）は自らに関する個人データを削除してもらう権利を持ち，管理者は遅滞なく削除する義務を負う」として，「忘れられる権利」が初めて明文化された。しかしながら，この「忘れられる権利」も EU 諸国内のサイトに限られており，アメリカを含む EU 外の諸国には適用されない。したがって，EU 内の検索エンジンサイトでリンクが削除されても，ユーザは EU 外の検索エンジンサイトにアクセスできるので，検索できてしまう。例えば，google.uk の検索エンジンサイトで削除されているリンクも google.com で探せばリンクは検索結果に出てくるのである。EU は，全 Google ドメインで該当検索結果をグローバル削除すべきだと主張している一方，Google 社は，忘れられる権利の拡大は，検閲であり民主制を失うという主張を続けている。

　アメリカでは，知る権利や表現の自由の方が忘れられる権利より重要だとして，基本的に忘れられる権利は認められていない。日本では，Google の検索結果から，自身の逮捕歴に関する記事の削除を求めた仮処分申立てで，2015 年 12 月にさいたま地方裁判所が検索結果の削除を命じる旨の仮処分決定を下し，国内で初めて「**忘れられる権利**」を明示した判断を示した。しかしながら，この判定に対して東京高等裁判所は，削除を認めたさいたま地裁の決定を取り消し，2016 年 7 月に男性の申立てを却下した。この判定で東京高裁は，「忘れられる権利」については，実体は名誉権やプライバシー権に基づく差し止め請求と同じで，独立して判断する必要はないと指摘し，「忘れられる権利」という

独立した権利の存在を否定したのである。2017年1月31日，最高裁判所はこの東京高裁の判決に反して，表現の自由と比べてプライバシー保護が明らかに優越する場合は削除を求められるとした上で，男性の逮捕歴について児童売春は「社会的に強い非難の対象」であり，「公共の利害に関する事項」だと指摘し，検索結果の削除を認めない決定を下した。この最高裁の判決において「忘れられる権利」は言及されなかった。この判決で，「**デジタルタトゥー**」といわれるように，いったんネット上で公開された書き込みや個人情報などが，一度拡散してしまうと，後から消すことが極めて困難であることが再認識された。

4．デジタル遺産

　不祥事を犯した者の「忘れられる権利」は認められないとして，この世を去ってしまった者のプライバシーはどうなのであろうか。オンライン上の様々な軌跡は，死んでしまったからといって自動的に消え去るものではない。死んでしまった者の過去の様々なデータも，オンライン上では誰かが削除しない限り残り続ける。いわゆる「**デジタル遺産**」である。銀行通帳や不動産のように目に見える遺産とは違い，デジタル遺産は遺族に気づかれずに存続し続けることが多い。

　デジタル遺産は存続し続けるが，もはや本人の管理下にはないため，様々な不都合が生じてくる。生前にオンライン上で提示されたデジタルアイデンティティが，生存者の認識と必ず一致するとは限らないし，公開を前提としないで生前に生成されたデータ全てが死後遺族に公開されることを望むかどうかは本人にしか分からない。

　遺族からの依頼で，死者が生前使用していた携帯電話やパソコンのデータを復旧させ，その中身を遺族らに引き渡すサービスがある。プライバシー保護の法律は「生存する個人」のみに適応されるため，死者の

プライバシーの保護というものは法律的には存在しない。死者の名誉が
毀損された場合は，遺族は名誉棄損罪で訴えることができるが，これも
虚偽の事実が摘示した場合のみにおいてであって，全ての死者の名誉棄
損を救済するものではない。死者は現在の法律ではプライバシー権を有
しないため，死後のデータの扱いの希望は遺書に残しておくことが望ま
しいし，家族に残すデータと家族には見せたくないデータは分けておい
た方がよい。

　SNS やブログ等のウェブサービスのアカウントは，「一身専属」と
いって基本的に本人以外は使えない。しかしながら，サービスによって
は生前に手続きをすることで継承やアカウント削除が可能になる。例え
ば，Facebook では，生前に「追悼アカウント」を設定することで，死
亡確認ができた時点でアカウントを削除するか，指定した管理人に管理
を任せるかを指定できるようになっている。Google では，生前に「ア
カウント無効化管理ツール」を設定することで，アカウントの削除やコ
ンテンツのコピーが可能となる。日本で最もよく使われている LINE
は，第三者へのアカウント譲渡・相続は全くできず，削除依頼もするこ
とができない。

5. デジタルアイデンティティ

　デジタル政府で名高いエストニアをはじめとして，多くの先進国が市
民に対する行政サービスをデジタル化している。これにより行政サービ
スが効率化し，経費節減と不正防止が強化されるようになるが，それに
は，市民一人一人が唯一の**デジタルアイデンティティ**を有することを前
提とする。例えば，エストニアでは，国民の 95％が，デジタルアイデ
ンティティの電子チップが埋め込まれたカードを保有しており，その
カードは，パスポートや公的身分証明書，運転免許証，健康保険証とし

ても機能しており，本人確認作業の簡易化を実現している。

　日本でもマイナンバー制度が2015年10月から始まり，日本国内に住民票を有する全ての人に，1人1つの12桁のマイナンバー（個人番号）が与えられ，アイデンティティのデジタル化を推進している。2020年のコロナ禍で，政府は特別定額給付金のオンライン申請に活用しようとしたが，マイナンバーカードの普及率が予想以上に低くマイナンバー制度の公式Twitterによると（2021年5月5日時点で人口に対する交付枚数率は30％），あまり効果は得られなかった。2020年9月からは「マイナポイント」事業が開始され，カード登録時にキャッシュレス決済サービスを選択すると，買い物やチャージの金額に応じてポイントが付与されることで，申込数が急増した。2021年にデジタル庁が新設されると，マイナンバーカードを行政や公共サービスで積極的に活用していくことが目指されている。機能としては，運転免許証との一体化により，住所変更手続きの簡略化，オンラインによる更新時の講習受講なども可能となる。また，2021年3月からは，健康保険証として利用できるようになり，顔認証による受付の自動化，過去のデータに基づく診療や薬の処方等のメリットがある。さらには，2022年度中にスマホにマイナンバーカードの電子証明書を搭載することにより，プラスチックのマイナンバーカードを提示しなくとも，スマホ1つで済むようになる予定である。その他にも，ATMカードとの一体化，教育データの持ち運び，国家資格証のデジタル化など，社会生活全般にマイナンバーカードを活用する計画である。

　マイナンバーといったデジタルアイデンティティと生身の本人との紐づけが常に正しいものであればよいのであるが，システムや人間のエラー，または，不正によって，デジタルアイデンティティが本人の意図に反して，または，本人が知らないうちに他人に使われてしまう可能性

があったり，本人とデジタルアイデンティティの紐づけが取れてしまって，本人が自身のデジタルアイデンティティを使うことができなくなってしまうことがあったりするかもしれないことが，危惧されるところである。

　これを防止するために，通常，何らかの矛盾や不一致をシステムが感知した際には，該当するデジタルアイデンティティがオンライン上で使えなくなるといった措置が取られる。これにより，本人に一時的な不便・不都合が生じるのみならず，より恒久的な悪影響をもたらすこともありえる。なぜかというと，様々なサービスや取引に同一のデジタルアイデンティティが使われるため，いったんそのデジタルアイデンティティが何らかの原因で汚されてしまうと，その他全てのサービスや取引に影響が生じてくる可能性が高いからである。

　第2節でオンラインプライバシーについて論じたが，オンラインプライバシーよりも，デジタルアイデンティティを守る権利の方が重要だと見る専門家も多い。プライバシーが個人に関する情報を当人の意のままに管理する権利であるのに対して，デジタルアイデンティティの権利は，オンライン上において，当該人が唯一の本人であることを認めてもらう権利である。

　プライバシーの権利は他の権利と比べると比較的弱く，公益のために犠牲にされるケースが多々あるが，デジタルアイデンティティの権利は公益のために犠牲にされることはまずない。例えば，ある人が刑に服し監視下に置かれる場合，その人のプライバシーの権利に制限がかかるが，その人のデジタルアイデンティティに対する権利は変わらない。

　現時点では，完璧なデジタルアイデンティティは存在せず，人は自分の情報のある一部をデジタルアイデンティティとして，必要なエンティティに提供している。ある意味で，生身の本人のある特定の一部に関す

る複数のデジタルアイデンティティがバラバラに存在しているともいえ
よう。これをより包括的で有用なものとしようとするのが，**デジタルア
イデンティティ3.0**という考え方（Mertens & Rosemann, 2015）であ
る。この考え方では，ユーザが自身のアイデンティティのデータベース
を生涯にわたって所有・管理し，必要に応じて必要な部分を状況に応じ
て共有する。これは，今までのデジタルアイデンティティの考え方，す
なわち，政府や企業が，それぞれ必要と思われる市民や顧客に関する
データを管理するのとは大きく異なっており，アイデンティティの当事
者であるユーザが，自身のアイデンティティを総括して管理する，とい
う考え方である。

　デジタルアイデンティティ3.0は，現存する本人認証を目的とするア
イデンティティ管理とも異なっており，様々なサービスを受けるための
本人認証を越えた，全人格的なデジタルアイデンティティの個人管理を
指すものである。自身に関するデータベースを自身で維持管理し，誰が
どの範囲のデジタルアイデンティティにどれだけの期間アクセスできる
のかを自身で決定することができ，自身に関するデータを完全にコント
ロールできるようにするのである。

　また，デジタルアイデンティティ3.0では，自身が許す範囲内で自身
の行動や嗜好を記録してプラットフォームに学習させることができる。
これによって，個人がいちいち事あるごとに情報を入力しなくとも，自
動的に更新・維持できるようになり，手間が省ける。簡単な例では，個
人が転居する際，住所変更に伴い関連機関にいちいち住所変更の手続き
をしなければならないのが現状であるが，それが，デジタルアイデン
ティティ3.0では，個人が管理するデジタルアイデンティデータベース
の住所を変更するだけで済む。また，過去の自身の行動，習慣や嗜好を
基に，最適なものを提案してくれるようにすることも可能となる。

　既存のデジタルアイデンティティ管理の例として，Apple 社のキーチェーンや Google 社の Chrome や Android におけるアカウント管理などがあるが，どれもベンダー独自のもの，すなわち OS やブラウザーに依存するものであり，オープンなものとはなっていない。Facebook のサインインシステムは，他のアプリでも使用することができるが，これもオープンなものであるとはいい難いし，ユーザが管理しているものでもない。

　巨大 IT 企業による中央集権的な ID 管理とは違って，デジタルアイデンティティ 3.0 では，本人が共有しようと思う属性はプラットフォームを越えて簡単に共有できるようになり，シェアリングエコノミーの根幹をなすことが可能となる。また，これにより**ネットワーク効果**が起こり，さらに使用が拡散していく（Olleros, 2018）。ネットワーク効果とは，多くのユーザがネットワークに接続すればするほど，利便性が高くなる効果のことを指す。ネットワーク効果は，ユーザが自らの人的ネットワークを紹介することによってさらに拡散する。これを**バイラル効果**という（Gunawan & Huarng, 2015）。バイラルとは「ウイルス性」という意味を表す言葉で，口コミや SNS のシェア機能によってコンテンツが人から人へウイルス感染のように広がっていく現象を指す。

　複数の企業が，分散型 ID（decentralized identifier, DID）を可能にするプラットフォームの構想を公開している。これらはデジタルアイデンティティ 3.0 を具現化するもので，コンピュータ同士が直接的に接続・通信し合うネットワークモデル（P2P）と「ウォレット型アプリ」を使うことによって，ブロックチェーンの暗号技術を活用して信頼性を担保し，ユーザが自分のアイデンティティを管理・証明することが可能になり，複数のサービスについて単一のアカウントを使用できるようにするものである。今後，こういった分散型 ID 管理のアプリが普及し，我々

のパーソナルデータが個人で管理できる日も遠くないと思えるが，それにつけ込んだ悪質なアプリが出現して，リテラシーの低いユーザのデジタルアイデンティティが盗まれる，といったケースもおそらく起こってくるのであろう。デジタルアイデンティティを普及するには，まず，国民一人一人のデジタルリテラシーを向上する必要があるかもしれない。

6. 信用スコア

　中国やアメリカを中心に，膨大な個人データを人工知能（AI）で分析して点数を算出し，信用力の尺度として提供するサービスの内容を決める基準とする動きが出てきている。従来は，個人の属性や支払い履歴のみで信用情報が決められていたが，それに，ネットサービスの利用実績や利用傾向，他者からの評価や他者への影響力などを考慮して新たな信用情報を算出するものである。

　信用スコアを利用するメリットとして，金融取引等における個人の信頼度が分かりやすくなり，不正を行わないようにする抑止力が働き，不正を未然に防ぐことができる可能性が高くなることがある。また，融資を行う際の判断基準となり，融資者のリスクを下げることができる。個人事業を営んでいる人であれば，取引先から信頼され，仕事の依頼が増加することもある。

　デメリットとしては，AIにより算出されたスコアがどのように算出されたのかがブラックボックスとなり，根拠が分からないまま数値が独り歩きして，当該個人の様々な活動を制限してしまうおそれがあることである。数値化されにくい人間性よりも，視覚化できるスコアのみが重視される可能性も出てくるし，評価を気にし過ぎて，それがストレスになってしまいかねない。また，個人情報が流出する危険性もはらんでいる。

　日本でも，2017 年 9 月にはみずほ銀行とソフトバンクが設立した J. Score がサービスを開始し，2019 年 6 月には LINE がメッセージのやりとりや LINE ニュースの閲覧履歴等を評価要素として LINE Score の提供を開始し，同年 7 月には Yahoo! が「Yahoo! スコア」という信用スコアサービスを企業向けに始めた[1]。また，同年 8 月には，NTT ドコモが提供するサービスの利用状況や支払い履歴などをビッグデータと解析して，自動的にユーザの信用スコアを算出する「ドコモスコアリング」を開始し，ユーザが融資サービスを申し込む際に同意することで算出され，融資の手続きに用いられている。

　信用スコアの由来は 1956 年にアメリカで設立された Fair, Isaac and Company（現 FICO）が開発した個人信用スコア算出システムで，この「FICO Score」は，学歴や職歴，年収，各種ローンの借り入れや返済履歴といった情報を基に個人の借金返済能力を評価するものであり，大手金融機関の半数以上がこの信用スコアサービスを利用している。

　中国では，社会インフラといえるほどにこの信用スコアが普及しており，アリババグループの関連企業が開発した「芝麻信用（セサミクレジット・ジーマ信用）」という信用スコアは，社会的地位や学歴，支払い能力のみならず，SNS 上の情報なども参考にされ，数値の高い人にはローンが優遇金利で組めるなどの特典がある。中国ではキャッシュレス化が進み，ほとんどの支払いがスマホで行われていることと，EC 市場での支払いもネット上で行われるため，その支払いデータが蓄積され，個々人の支払い状況の分析が可能となっていることが背景にある。

7．情報銀行

　デジタルアイデンティティ 3.0 や分散型 ID に関連して，「**情報銀行**」や「**情報利用信用銀行**」「**情報信託銀行**」「**パーソナルデータストア**」と

1　Yahoo! は，2020 年 8 月末に「Yahoo! スコア」のサービスを終了している。

いう考え方がある。これは，個人が自らのデータを管理する際に銀行のような第三者機関が，個人情報を個人から預かり，かわりに運営する仕組みである。これにより，ビッグデータの収集において，本人同意に基づくデータ収集が容易になると同時に，ビッグデータとしてのパーソナルデータの利用側は多人数のデータを永続的に管理する必要がなく，必要に応じて入手し分析して，その後は消去することができる。また，個人が自分に関するデータを自らの意思に基づいて活用できるようになり，そのデータを利用したい企業等から明示的に何らかのメリットを受けることができるようになる。

　GAFA を中心とする巨大 IT 企業が寡占している膨大なデータを，もっと個人が関与する形でデータの利活用を進めようとする動きである。巨大 IT 企業が抱え込んでいるデータをもっと開放し，流通を促進することで，健全な競争環境が生まれ，よりよいサービスの誕生が期待できる。実際に EU では，2020 年 2 月から EU 域内の自治体や企業から集めたデータを共有する枠組みを構築し，データの単一市場を創設しようとする動きが出ている。

　デジタル化が進む今日でプライバシーやデジタルアイデンティティの管理が難しいのは，個人の情報を共有する際に，その情報のデジタルな複製が作られ，複製はオリジナルの情報を所有する個人の許諾なしに拡散する可能性があるからである。技術的に複製を作成することを不可能にすれば，いろいろな問題が解決される。暗号化の技術が進み，複製の作成をほぼ不可能にすることもできるようになってきている。

　このように，個人の様々な情報が全て，本人が所有・保管・維持・管理できるようになれば，デジタルアイデンティティが独り歩きすることもなくなるし，不正やエラーがなくなるばかりのみならず，デジタルメディア上のプライバシーが保護されるようになる日も遠くない。

　個人に紐づいたデータを個人から委託された企業が一元管理し，他の企業からの請求に応じて個人が許容する範囲内で提供する枠組みが「情報銀行」である。日本では 2018 年，政府の指針に基づいて，一般社団法人日本 IT 団体連盟が情報銀行の認定手続きを開始した。2021 年 4 月現在，日本 IT 団体連盟により，「情報銀行」サービス実施中の事業と対象とした通常認定を取得した会社が 2 社，「情報銀行」サービス開始に先立って，計画，運営・実行体制が認定基準に適合しているかを認定する P 認定を取得した会社が 5 社ある。今後，こういった「情報銀行」サービスが一般に普及し，個人が自身のデータ活用に関して管理ができるようになる日は遠くないのかもしれない。

8．まとめ

　デジタルメディアは日常生活の利便性を高める一方，それを活用する個人に関する情報が本人の知らないところで蓄積・活用されている。使う側のプライバシーやアイデンティティに関するリテラシーが求められるだけではなく，個人情報を守りつつも，社会を改善するためのデータ利活用を促進するには，法規制がきちんと整備されていなければならず，その仕組みの理解も必要である。複雑化するプライバシーポリシーや本人認証の問題の中で，やはり，意図しない結果を未然に防ぐためには，我々ユーザ個人が，まず，高い意識を持つことが大切である。

参考文献

Gunawan, D.D., & Huarng, K.H. (2015). Viral effects of social network and media on consumers' purchase intention. *Journal of Business Research, 68*(11), 2237-2241.

Mai, J-E. (2016). Three Models of Privacy：New Perspectives on Informational Privacy. *Nordicom Review, 37*(special issue), 171-175.

Mertens, W., & Rosemann, M. (2015). Digital identity 3.0：the platform for people.

日本民間放送連盟『放送ハンドブック改訂版』（日経 BP 社，2007 年）

Norberg, P.A., Horne, D.R. & Horne, D.A. (2007). The Privacy Paradox：Personal Information Disclosure Intentions versus Behaviors. *The Journal of Consumer Affairs, 41* (1), 100-126.

Olleros, F.X. (2018). Antirival goods, network effects and the sharing economy. *First Monday, 23*(2).

Warren, S.D. & Brandeis, L.D. (1890). The Right to Privacy. *Harvard Law Review, 4* (5). pp.193-220.

総務省（2021 年）「情報通信白書令和 2 年版」

学習課題

1. 自身が使用しているネット上のサービスのプライバシーポリシーを調べてみよう。

2. Google 日本の削除ポリシーを調べてみよう。どのような基準で Google 日本は削除リクエスト受け入れの判断をしているのかを確認しよう。

3. 2020 年の改正個人情報保護法の施行にあたって，具体的に何が変わったのか調べてみよう。

4. 自身のデジタルアイデンティティである様々なサービスのアカウントがいくつあり，それを自身はどのように管理しているのか，振り返ってみよう。

15 | デジタルメディアと社会

青木久美子

《**目標＆ポイント**》 本章では，人工知能（AI）やモノのインターネット（IoT）等を活用した最先端のデジタルメディアと社会との関係について考察する。クラウド化やモノのインターネット化が進み，社会全体がデジタル化され，ロボットや人工知能がビッグデータを瞬時に自動的に解析して社会の様々な側面で意思決定に活用されるようになると，社会全体の構造が根本的に変わってくる可能性がある。そういった社会では，雇用や富の分配など，我々が人として生きるにあたって無視できない課題がある。デジタルメディアが社会全体にもたらす未来の課題や可能性について考察する。

《**キーワード**》 汎用型 AI，特化型 AI，第一次人工知能ブーム，第二次人工知能ブーム，機械学習，ディープラーニング（深層学習），第三次人工知能ブーム，チャットボット，スマートスピーカー，スマート家電，人間中心のAI社会原則，AIガバナンス，AIによる差別，データバイアス，モノのインターネット（IoT），第四次産業革命，インダストリー 4.0，雇用代替効果，雇用創出効果，ベーシックインカム，スマートシティ，デジタルツイン，シンギュラリティ，技術的特異点，ムーアの法則

1．人工知能（AI）の影響

　英国オックスフォード大学で人工知能（AI）の研究をするマイケル・オズボーン（Michael A. Osborne）とカール・フレイ（Carl Benedikt Frey）が 2013 年 9 月に発表した論文で，米国労働省が定めた 702 の職業をクリエイティビティ，社会性，知覚，細かい動きといった項目ごとに分析し，アメリカの雇用者の 47% が 10 年後には職を失うと結論づけ

たことで衝撃を与えた。

　2020年初頭に始まった新型コロナウイルス感染拡大により，世界中で外出自粛が行われ，非接触サービスが推進されるようになり，経営環境が悪化するとともに，リモートワークなど職場のデジタル化が急速に進み，様々な分野でのAIの導入が加速化しているといっても過言ではないであろう。人間と同等の振る舞いをする「**汎用型AI**」はまだ登場していないが，「**特化型AI**」は画像認識から顔認識や音声認識，マッチングを活用した就活から婚活，なりすまし検知からリスク検出，リコメンデーションからパーソナライゼーション等，すでに我々の生活や仕事に役立ってきている。

　人工知能の研究自体は1960年代から行われており，決して新しいものではない。イギリスの数学者であるアラン・チューリング（Alan Turing）が1950年に提案したチューリング・テスト（Turing test）は，機械が知性を持った振る舞いができるかどうかを判定するものであり，この後，コンピュータによる「推論」や「探索」が可能となり，**第一次人工知能ブーム**が起こった。当時のコンピュータでは，単純な仮説検証はできても，様々な要因が複雑に絡み合う課題を解くことは難しく，ブームは終焉した。

　1980年代になって，コンピュータが推論するために必要な情報を，コンピュータが認識できる形で与えることで，専門家のように判断ができるエキスパートシステムが誕生し，**第二次人工知能ブーム**が訪れ，日本では，政府による大型プロジェクト「第五世代コンピュータ」も推進された。しかしながら，知識を教え込む作業が非常に煩雑であることと，現実社会ではありえる例外の処理や矛盾したルールに柔軟に対応することが困難であったため，第二次ブームも消滅していった。

　第二次人工知能ブームでの壁であった例外処理や矛盾したルールへの

対応を解決する手段として「**機械学習**」や「**ディープラーニング（深層学習）**」という手法により，コンピュータが自ら学んでいくことができるようになり，現在の**第三次人工知能ブーム**に至っている。機械学習とディープラーニングの違いは，機械学習では人間が特徴量を指定しなければならないが，ディープラーニングでは，特徴量をコンピュータ自身が自動で抽出することができるところにある。

　AI はディープラーニングの登場により，膨大なデータから自ら学ぶことができるようになった。ディープラーニングを適用すると，これまで難しかった画像認識や音声認識，自然言語処理，異常検知などが実現可能になる。また，AI が膨大なデータから自ら学習することによって，チェスやクイズ番組で人間を負かせることができるようになった。中でも一番衝撃的であった出来事が，2016 年に Google 社の子会社 DeepMind によって開発されたコンピュータプログラムである「アルファ碁（AlphaGo）」がプロ棋士に勝利を収めたことであり，これにより翌年の 2017 年が「**AI 元年**」と呼ばれるようになった。

　AI は自然言語処理の分野でも進化しており，会話する AI，すなわち，**チャットボット（chatbot）**も普及している。SNS の普及により，インターネットを介してユーザ同士がリアルタイムでコミュニケーションを図る機会が増えた。2016 年 3 月に公開された Microsoft 社のチャットボット Tay は，話し方が 19 歳の米国人女性という設定で Twitter ユーザからやり取りを学習した結果，人種差別や性差別，陰謀論を学習してしまい，極めて不適切な発言を連発するようになってしまった。Microsoft 社は公開からわずか 1 日で停止に追い込まれた結果となったが，2016 年には Facebook と LINE がチャットボットの API（Application Programming Interface）を公開し，今では，様々なサイトでチャットボットが活用されるようになった。

　また，同じ年に，音声対話型の AI アシスタントである**スマートスピーカー**が発売されるようになった。話しかけるだけで，ニュースや天気予報を聞いたり，音楽を再生したりできるだけでなく，テレビやロボット掃除機などの対応家電の操作をすることもできる。スマートスピーカーや**スマート家電**といわれるものの狙いは人々の生活データの取得である。生活データの取得と活用により，健康管理サービスや高齢者見守りサービスなど，様々なサービスを提供することができるようになる。また，サービスのみならず，こうした生活データは，電子商取引でユーザの生活スタイルや嗜好にマッチした製品を推薦するのに使われる。さらには，機械学習のための学習データとしても活用でき，サービスのパーソナル化もできるようになる。今や，生活の至る所での AI の活用が始まっているといえるだろう。

　このように様々な分野で AI の活用が急速に進む中で，AI に対する規制の在り方についても議論が進んでいる。我が国でも 2019 年 3 月に内閣府統合イノベーション戦略推進会議が「**人間中心の AI 社会原則**」を公表，2019 年 5 月には OECD の AI 原則が制定されている。我が国の上記原則では，（1）人間中心の原則，（2）教育・リテラシーの原則，（3）プライバシー確保の原則，（4）セキュリティ確保の原則，（5）公正競争確保の原則，（6）公平性，説明責任及び透明性の原則，（7）イノベーションの原則の 7 原則が掲げられている。また，経済産業省を中心に **AI ガバナンス**に関する検討が進められており，2021 年 7 月 9 日には「我が国の AI ガバナンスの在り方 ver.1.1（AI 原則の実践の在り方に関する検討会報告書）」が発表されている。この報告書では，我が国のあるべき AI ガバナンス像として，AI 原則の尊重とイノベーション促進の両立の観点から，AI 原則を尊重しようとする企業を支援するソフトローを中心としたガバナンスが望ましいという方向性を示し

ている。

　AI がディープラーニングによって下す判断は，ブラックボックス化
していることが問題視されている。すなわち，人間の理解を超えたとこ
ろで膨大なデータが分析され，それにより下された判断に人間が盲目的
に従っているという事実である。そこで，説明可能 AI が注目を浴びる
ようになった。説明可能 AI は「**AI による差別**」を解決する一助になり
うる。例えば，AI の顔認識で，アジア系の対象は目をつむっていると
判断されることが多かったり，性別認識も白人男性の正答率は有色人女
性の正答率よりも断然高かったり，AI が人種に対しての偏見を学習し
てしまう例が多々示されてきている。AI の機械学習データが偏ってい
るものであると，その AI の判断も偏ったものになってしまうのであ
る。いわゆる「**データバイアス**」の問題である。

　AI が機械学習をするには膨大な量のデータが必要であり，そのデー
タのほとんどが簡単に入手できるウェブサイトや画像のデータであるこ
とが多いことから，ネット上での情報の偏りが，そのまま AI の学習
データの偏りとなってしまうのである。ネット上のデータの多くがアメ
リカのものであり，人口の多い中国やインドのデータでも比較的少な
い。潜む AI の偏見を見抜く力，そしてより公正なデータを収集して
AI に学習させる努力，それに，何をもって公正なデータとするのかの
価値判断の社会としての合意形成が今後必要となってくる。

2. モノのインターネット（IoT）

　前節で説明した人工知能（AI）とともに，我々の日常生活に深く浸
透し，日常生活を変えていく可能性の大きい技術に**モノのインターネッ
ト**（Internet of Things, IoT）があげられる。ネットは，コンピュータ
ネットワークのネットワークであり，技術的には最初からコンピュータ

というモノ同士をつなぐネットワークではあったが，そのエンドユーザは人間であり，ネットに繋がるとは，人と人や人と組織，または，人とサービスとの繋がり等を指していた。しかしながら，様々な家電や様々なセンサーを持ったデバイス等が IP アドレスを保有できるようになり，モノとモノが直接コミュニケーションを取り合って（これを machine-to-machine, M2M という）環境を制御するようになっている。これを**モノのインターネット（IoT）**と呼ぶ。この IoT には，技術的な意味合いのみならず，様々なモノがネットに繋がることによって実現される社会も指すようになってきている。

　様々なモノがネットに繋がることによって，ユーザの使用状況や周囲の状況など，様々なデータがビッグデータとして創出され，それを即時に AI で解析することによって，個々のニーズに合ったサービスや機能を提供したり，様々なことを予測できたりするようになる。様々なことを予測できるようになることによって，危機や災害を予防することが可能になる。

　例えば，電動歯ブラシとスマホアプリを同期させて，ユーザの口腔に合った歯磨きができるように設定したり，ユーザの爪の形や大きさなどに合わせてネイルアートをプリントしたり，足の動きをデジタル化して，自分に合った靴を製造してもらったりと日々の健康や美容にも IoT が活用され始めている。

3. 第四次産業革命

　AI や IoT が象徴する技術革新によって，物理的，生物学的，そしてデジタルな領域が融合しつつある時代を「**第四次産業革命**」，または，「**インダストリー 4.0（Industrie 4.0）**[1]」といい，我々はそのさ中にいると考えられている。18 世紀後半から 19 世紀初頭に蒸気機関によっても

1　特にドイツ語圏でよく使われている用語。

たらされた第一次産業革命，19 世紀から 20 世紀初頭に電力によってもたらされた第二次産業革命，そして 1960 年代から 20 世紀末に情報通信技術によってもたらされた第三次産業革命の次に来るものである。

　第 4 章でも取り上げた 2016 年に内閣府が提唱した Society 5.0 の考え方も類似した考え方であり，狩猟社会を Society 1.0 とし，農耕社会が Society 2.0，工業社会が Society 3.0，情報社会が Society 4.0 として，その次に来るものとして Society 5.0 を掲げている。Society 5.0 では，「サイバー空間（仮想空間）とフィジカル空間（現実空間）を高度に融合させたシステムにより，経済発展と社会的課題の解決を両立する」と謳っている。

　いずれにしても，技術革新の速度が歴史に類を見ない速度で急激に進んでおり，それが既存の産業や社会構造を大きく変えつつあることを示している。世界中の人々が超高性能のモバイル端末で繋がり，それに，人工知能，ロボット，IoT，ビッグデータ，自動運転技術，3D プリンター，ナノテクノロジー，バイオテクノロジー，材料工学，エネルギー，量子力学などの画期的革新が相まって，未曾有の変化が起こりつつあるのである。これに，コロナ禍の非接触推奨のデジタルトランスフォーメーション（DX）が拍車をかけているといえよう。

　第四次産業革命は，人々の生活を豊かにする可能性を秘めているし，すでに，ネット上で様々なモノやサービスを予約したり，注文したり，購入したり，音楽を聴いたり，映画を見たり，ゲームをしたりと，利便性とエンターテインメントの面で恩恵を受けている。また，ビジネス側も，生産性や効率性，また，運輸やコミュニケーションのコスト削減で恩恵を受けるといえる。以前の産業革命とは違って，産業社会構造の変化はリニアな因果関係にあるのではなく，社会構造の全てにわたってグローバルに有機的に変化をもたらし，様々な産業や個人が連携し合って

創り上げる経済だともいわれている。

　一方で，第四次産業革命は労働市場の二極化に繋がると指摘する経済学者もいる。すなわち，スキルを要しない労働の賃金は下がり，高いスキルを必要とする労働に従事する人の賃金は高くなる一方で，中間層の仕事が激減する。また，定型的な労働において人工知能やロボットが，人間の労働者にかわるようになると，雇用による収入に頼る人と，資産を持つ人との貧富の差が増大する可能性もある。これを，**雇用代替効果**という。しかしながら，その一方で人と人工知能との共同作業により，これまで人が携わってきた業務の一部を人工知能が代替することで，業務効率・生産性向上が図れたり，これまで人が携わることができなかった業務を人工知能が担ったりすることで，新規業務・事業創出の可能性を秘めているとも考えられる。これを，**雇用創出効果**という。ルーティン（定型的）な労働による仕事が減少することで，人がもっとクリエイティブなもの，自らが楽しめることに時間を費やすことができるようになるとも考えられる。

　国内でもすでに富国生命保険が，日本 IBM の人工知能「ワトソン」を使ったシステムを 2017 年 1 月から導入し，医療保険などの給付金を査定する部署の人員を 3 割近く削減すると発表している。以前の産業革命とは異なって，第四次産業革命では，必要とされる職種や雇用形態が大きく変わることが予想される。急速に変化していく産業構造や社会に柔軟に対応する能力と想像力がますます必要とされているのである。

　総務省が 2016 年に行った調査（総務省，2016）では，人工知能の活用が一般化する時代に求められる能力として，「業務遂行能力」や「基礎的素養」よりも，「チャレンジ精神や主体性，行動力，洞察力などの人間的資質」や「企画発想力や創造性」の方が必要とされていることが指摘された（図 15-1 参照）。

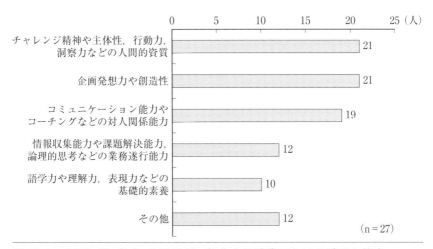

図 15-1　人工知能（AI）の活用が一般化する時代における重要な能力
（出典：総務省「ICT の進化が雇用と働き方に及ぼす影響に関する調査研究報告書（平成28年）」を基に作成）

　仕事の変化に伴って，勤務形態も大きく変わる可能性がある。多くの人が在宅勤務といったテレワークや，フレックスタイム制やフリーランスで通常の収入を得ることができるようになる。シェアリングエコノミーやギグエコノミーが進化して，労働の対価としての賃金という考え方が変わるかもしれない。クラウドソーシングによる仕事の受注がオンデマンドで行われることが一般的になると，労働市場や社会の労働構造が変容してくる。

　第四次産業革命の時代に必要とされる人材を育成するための教育も議論されている。急速に変化していく技術に対して常に学んでいくジャストインタイムエデュケーションが重要になってくるし，教育を提供する側も，求められる人材のコンピテンシーを明確にし，それにマッチした教育を提供していく必要がある。

人工知能やロボットが人間の労働力需要を減らす可能性の中で，賃金減少による人々の生活の質の低下を防ぐために，**ベーシックインカム**という考え方も出てきている。ベーシックインカムとは，所得や資産の多寡にかかわらず，国が無条件で全ての人に一定の金額を定期的に給付する制度である。第四次産業革命の時代においては，技術を駆使する産業が巨大な力を持つようになり，行政の力が弱まり，貧富の差が拡大する可能性が高い。国民に最低限の生活を行政が保証する意味でもベーシックインカムの必要性が大きくなる。

また，**スマートシティ構想**や**デジタルツイン**（デジタルの双子）構想というものも生まれてきている。スマートシティとは，IoT 等の先端技術を用いて，インフラ・サービスを効率的に管理・運営し，環境に配慮しながら，人々の生活の質を高め，継続的な経済発展を目的とした新しい都市のことである。スマートシティにおいては，市民は単なるユーザではなく，主要なステークホルダーとなり，企業は単なる提供者ではなくパートナーとしての役割を担う。また，デジタルツインでは，現実空間を仮想空間にモデル化してシミュレーションをすることによって，将来を予測したり，課題の解決を試みたりすることである。

4. シンギュラリティ（技術的特異点，technological singularity）

シンギュラリティ，または，**技術的特異点**（technological singularity）とは，人工知能（AI）が人間の能力を超えることで，予測不可能な出来事が起こることを指す。シンギュラリティの概念自体は，1957年に亡くなったハンガリー出身のアメリカの数学者であるジョン・フォン・ノイマン（John von Neumann）に由来するといわれている。当時，アラン・チューリング（Alan Turing）の仮想計算模型である「チュー

リングマシン」と，ある機械が知的かどうかを判定するための「チューリングテスト」が話題になった時期であり，人工知能の概念とともに技術的シンギュラリティが語られるようになった。

　その後，アメリカの数学者，計算機科学者，SF 作家のヴァーナー・ヴィンジ（Vernor Vinge）が執筆し 1993 年に発表された論文「The Coming Technological Singularity」によって，また，アメリカの発明家，実業家，フューチャリストのレイ・カーツワイル（Ray Kurzweil）の著書である『The Singularity Is Near：When Humans Transcend Biology』（2005）（井上健監訳『ポスト・ヒューマン誕生 コンピュータが人類の知性を超えるとき』（NHK 出版，2007 年）で，2029 年までにスーパーコンピュータがチューリングテストをパスし，2045 年までに強い AI がシンギュラリティのレベルに達する，と述べたことによって，シンギュラリティの概念が注目を浴びるようになった。

　2014 年 12 月には，イギリスの理論物理学者のスティーヴン・ホーキング（Stephen Hawking）が，BBC のインタビューに対して「近いうちに中間層の仕事はマシーンに取ってかわられるし，完全な人工知能を開発できたら，それは人類の終焉を意味するかもしれない」（youtube.com/watch?v=fFLVWBDTfo）といって，シンギュラリティに対する懸念を表明しているし，Microsoft 社創設者のビル・ゲイツ（Bill Gates），SpaceX 社および Tesla 社の CEO であるイーロン・マスク（Elon Musk），さらに，Apple 社の共同設立者の 1 人であるステファン・ウォズニアック（Stephen Wozniak）らも同じような警告を発している。

　シンギュラリティ到来の議論に対して，批判的な声も少なくない。その 1 つには，シンギュラリティの到来は全て推測の域を出ず，それを予測する実証的なデータが全くないこと，シンギュラリティの概念自体が

合意を得られているものではないこと，などがあるが，批判的な声を向ける研究者の中でも，人工知能の影響は無視できないことは共通の認識である。また，シンギュラリティは，超知能 (superintelligence)，不連続 (discontinuity)，加速 (acceleration) の 3 つの要素により起こることも合意されている。

　シンギュラリティがもたらす未来を脅威と取るか，理想郷と取るかでも議論は分かれているのである。人間レベルの知能を持つ人工知能が人類を滅ぼすと警告する議論の一方で，超知能が知能増幅により病気・加齢・飢餓等の人類の難題を克服すると見る学者も多々いる。SF 映画に出てくるような人工知能を搭載したロボットの反乱はありえないと見る学者が多いものの，人工知能の研究開発において，倫理的観点を取り入れるべきであることを訴える学者は少なくない。

　第 1 節でも触れた「ディープラーニング」のアルゴリズムは，音声認識，自然言語処理，可視化，翻訳，画像認識等における人工知能の革新的な進化を遂げている。このディープラーニングが人工知能自身のアルゴリズムの改善を行っているわけではないが，**ムーアの法則**によると，半導体の集積密度は 18〜24 カ月で倍増し，コンピュータの性能は指数関数的に向上していくことになり，人工知能の能力も指数関数的に向上し，今後 20 年以内にシンギュラリティに達する，と予測する科学者も多数いる。シンギュラリティ到来後の AI は人類全体の知力をはるかに超え，人間が AI の行動を理解し，評価することが不可能となる。

　実際，2017 年に，Facebook 社が開発した AI の 2 つのチャットボットに様々な物々交換の駆け引きを課したところ，最初は英語で会話をしていた 2 つのチャットボットが次第に英語を改変して人間には理解できない言語で会話を始め，物々交換を成功させたため，これをシャットダウンした，という事例がある。また，同じ年に Google の翻訳プログラ

ムの AI が，人間が理解できない新しい言語を創り出し，それに翻訳するようになった，という事例もある。人間の言語が，AI が課されたタスクに対して効率的ではないと AI が判断し，勝手に自らの言語を創り出したのである。

　一方で，現在の加速度化した AI の発達が続くわけではなく，リソースが枯渇して発達のスピードは現在よりも遅くなり，そのうち頭打ちになると論じる学者も少なくない。AI の発達に歯止めがかかれば，その間に人間が未来のための様々な制度を整備する時間を与え，枯渇したリソースを豊かにする新たなきっかけを生むかもしれない。また，AI の研究開発者の多くが，人間の知性ははるかに複雑であり，AI が人間のように複雑な知性を持てるようになることははるか未来のことである，ともいっている。特化型 AI は進化していくが，汎用型 AI の登場はまだまだ先のことであるとなれば，人間が特化型 AI と効果的にコラボレーションして，様々な社会問題を解決できるようになるかもしれない。

　シンギュラリティが本当に到来するかどうかの議論は別として，AI と IoT，そして，ビッグデータが我々の日常生活を大きく変えることは間違いない。一市民としてできることは限られているが，技術進化がもたらす目まぐるしい変化を客観的に見つめ，できるだけポジティブな影響を取り入れ，社会に働きかけることができるよう常にアンテナを張り巡らせておくことは大切であると考える。

5．まとめ

　AI が，モバイルメディア，ソーシャルメディア，ジオメディアからの膨大な情報を瞬時に分析するだけではなく，IoT により収集されたデータと関連づけて，様々な意思決定が行われる時代はすぐそこに来て

いる。コロナ禍のデジタルトランスフォーメーションの加速化により，我々の日常生活はさらにデジタルメディアに依存するようになった。

　我々人間が，どのように AI と共存していくのか，社会の中でどのように活用するのか，それは，技術的な議論を超えた倫理的・政治社会的議論にも繋がる。日常生活でデジタルメディアを活用している我々が日々意識的に選択し，行動することによって，よりよい社会が形成されていくように働きかけていくことが大切である。

参考文献

Frey, C.B., & Osborne, M.A.(2013). "THE FUTURE OF EMPLOYMENT : HOW SUSCEPTIBLE ARE JOBS TO COMPUTERISATION?" Oxford Martin School Working Paper.

Kurzweil, R.（2005）. *The Singularity Is Near: When Humans Transcend Biology*. London, UK：Penguin Books.（井上健監訳『ポスト・ヒューマン誕生 コンピューターが人類の知性を超えるとき』(NHK 出版，2007 年)）

Moore, G.(1965). Moore's Law. *Electronics Magazine, 38*(8), 114

内閣府総合イノベーション戦略推進会議 (2019 年)「人間中心の AI 社会原則」 https://www8.cao.go.jp/cstp/aigensoku.pdf（確認日 2021.10.26)

Turing, A.M. (1950). The word problem in semi-groups with cancellation. *Annals of Mathematics*, 491-505.

Vinge, V.（1993). The Coming Technological Singularity：How to Survive in the Post-Human Era. *Whole Earth Review*

総務省（2016 年）「ICT の進化が雇用と働き方に及ぼす影響に関する調査研究報告書（平成 28 年)」

学習課題

1. 身近に使われている AI（人工知能）の事例を考えてみよう。

2. フィルターバブルに陥らないようにするには，何をしたらよいのか具体的に考えてみよう。
3. 「我が国の AI ガバナンスの在り方」の最新バージョンをダウンロードして読んでみよう。
4. 第四次産業革命に関する記事を探してみよう。

索引

●配列は五十音順，＊は人名を示す。

●数字・英字

21世紀型スキル　158
311情報学　217
3Dプリンター　59,176
5ちゃんねる　56
A-GPS　104
AIガバナンス　260
AI元年　259
AIによる差別　261
AlphaGo　172
Amazon Mechanical Turk　136
AR（augmented reality，拡張現実）　68，124
ARPANET　19
Azure Kinect DK　171
B2B　117
B2C　117
Bluetooth（ブルートゥース）　16,69
BYOD（BringYour Own Device）　143
C2C　117
cryptocurrency（暗号通貨）　129
e-Japan戦略　188
eSIM　66
eクローナ　132
eスポーツ　171
eデモクラシー　191,192
eラーニング　149
Facebook　86
FixMyStreet　112
FixMyStreet Japan　112
GAFA　19
GIGAスクール構想　143
GIS（geographical information systems）　113

Google Earth　108
Googleストリートビュー　110
GPS　58
GUI（Graphical User Interface）　149
HEMS（Home Energy Management System）　228
ICT　30
IC型の電子マネー　126
ID（identification）　50
iNaturalist　113
Instagram　86
iPad（アイパッド）　35
iPhone（アイフォーン）　35
iPod（アイポッド）　170
IP電話　36
ITP　242
IT断食　229
IT中毒　229
iモード　34
JOCW　150
JPQR　128
Kinect（キネクト）　171
LINE　86
LOGO　148
M2M　262
MOOC（Massive Open Online Courses，大規模公開オンライン講座）　144,150
NAVSTAR（NAVigation System with Timing And Ranging）　103
NFC（near field communication）　69
N次創作物　176
OER（公開教育資源）　144
OpenStreetMap（OSM）　108
P2P（peer to peer，ピアツーピア）　129

PHS（Personal Handy-phone System，ピーエイチエス） 34
PLATO 148
POD（Personal Online Data Store） 20
SIM 66
Skype（スカイプ） 36
Society 5.0 263
Twitter 86
Usenet 85
UUCP 85
VR（virtual reality，仮想現実） 68,171
Web 2.0 19
Web 3.0 20
Wi-Fi 68
Wi-Fi 6 69
Wii（ウィー） 171
Windows95 216

●あ 行

アカウント 53
アカデミックアナリティクス 153
アクター（Actor） 37
アクティブラーニング 144
遊び 163
アテンションエコノミー 93
アドテクノロジー 78
荒らし 97
アラブの春 187
アラン・チューリング＊ 258
歩きスマホ 80
アルトコイン 131
暗号資産（仮想通貨） 129
安全・安心 221
イーロン・マスク＊ 267
医師法・歯科医師法 198
いじめ 226

李世乭（イ・セドル）＊ 172
依存 54
位置ゲー 105
位置情報データ 77
位置情報ビッグデータ 106
一人称研究 173
一般社団法人 LBMA Japan 77
一般データ保護規則（GDPR） 242
移動通信システム 66
イノベーション 31
癒しロボット 200
インスタ映え 105
インターネット・セラピー 199
インターネット・フォーラム 85
インターネット企業（ISP） 86
インターネット動画 32
インターフェース（Interface） 41
インダストリー4.0（industrie 4.0） 262
インフォームド・コンセント 238
インフォデミック（infodemic） 95,234
インプランタブル 73
ヴァーナー・ヴィンジ＊ 267
ウィキリークス（WikiLeaks） 55
ウェアラブルコンピュータ 72
ウェブマッピング 106
ウェブルーミング 124
ヴォルフガング・フォン・ケンペレン＊ 136
ウォレット型アプリ 251
運転免許証 50
エコーチェンバー 11,96
エデュテイメント（edutainment） 200
エドワード・スノーデン＊ 91
遠隔医療 16,198
炎上（Flaming，フレーミング） 54,232
炎上商法 93

炎上マーケティング　93
オープンコースウェア　149
オープンダイアリー　85
おサイフケータイ　127
オプトイン（事前同意）　242
思い出工学　62
オンデマンド経済　139
オンライン授業　32
オンライン診察　16

●か　行
カーシェアリング　133
カーナビ（カーナビゲーション）　58
カール・フレイ＊　257
カーンアカデミー　151
改正個人情報保護法　241
改正電気通信事業法　67
科学警察研究所　185
学習管理システム（LMS）　152
拡張民主主義　21
家事　197
カスタマイズ　49,59
カスタマイズ学習　152
仮想通貨法　131
勝手食い　60
家庭のネットカフェ化　60
仮名加工情報　241
カプトロジ　45
ガルリ・カスパロフ＊　172
環境危機　208
監視カメラ　226
監視資本主義（surveillance capitalism）
　19,91
感情的共感　99
関心経済　93
機械学習　259

危機　221
ギグワーク　136
危険性　221,229
技術的特異点　266
議題設定効果　187
キャッシュレス・ポイント還元事業　128
キャッシュレス決済　125
教育資源のオープン化　150
緊急事態宣言　211
緊急情報　211
近距離無線通信規格　69
空間的クラウドソーシング　110
クッキー（Cookie）　12,241
クラウド　20
クラウドコンピューティング　70
クラウドサービス　70
クラウドソーシング　133
クラウドファンディング　133
クラッカー（cracker）　223
グラハム・ベル＊　33
クリエーター　39
クリス・アンダーソン＊　121
クリス・ディード＊　158
クリティーク　39
クレジットカード　125
グローバル・ポジショニング・システム
　76,103
経済危機　207
携帯電話　34
系統発生　38
ゲートキーパー　96
ゲーム脳　231
検索履歴　49
ケンブリッジ・アナリティカ　96
公園デビュー　200
工業の個人化　59

攻撃性　54
公式学習（formal learning）　145
購入履歴　49
コード決済　128
五感　171
国際危機　208
告発　55
個人識別符号　239
個人情報保護委員会　240
個人情報保護法　77, 238
戸籍法　50
個別最適化学習　152
コペルニクス計画　108
ゴミの不法投棄　226
雇用創出効果　264
雇用代替効果　264
コンタクト・トレーシング（接触追跡）
　15
コンビニエンスストア　204
コンピュータ将棋プロジェクト　172
コンピュータによる教育（CAI）　147

●さ　行
サードパーティクッキー　243
サーバー型の電子マネー　126
災害弱者　218
採掘工場　131
サイバー攻撃（cyberattack）　223
サイバー戦争（cyberwarfare）　223
サイバーテロリズム　222, 223
裁判員制度　184
裁判所　183
サトシ・ナカモト＊　130
サミュエル・D.ウォーレン＊　238
サルマン・カーン＊　151
死　204

シーモア・パパート＊　148
シェアリングエコノミー　133
ジオアクティビズム　112
ジオウェブ（Geoweb）　113
ジオタグ　105
ジオフェンシング（Geofencing）　108
ジオフェンス　108
ジオメディア　102
時間消費　26
時間利用　26
自己メディア（self media/narrative me-
　dia）　60
実体空間　43
自動化　44
自動車電話　34
自分メディア（own media）　60
市民ジャーナリズム　187
市民メディア　187
ジム・エリス＊　85
社会構成主義　155
社会的距離（social distancing）　15
シャドープロファイル　78
宗教　29
衆愚政治　192
集団行動の閾値モデル（Threshold Mod-
　els of Collective Behavior）　97
住民基本台帳法　51
熟慮民主主義　192
首相官邸きっず　182
準天頂衛星システム「みちびき」　104
消費者生成メディア（Consumer Gener-
　ated Media, CGM）　175
情報化政策　179
情報銀行　253
情報空間　43
情報弱者　218

情報信託銀行　253
情報セキュリティ　223
情報操作　95
情報ボランティア　218
情報利用信用銀行　253
ショートメッセージサービス（short mes-
　　sage service, SMS）　34
ショールーミング　124
ショーン・パーカー*　92
食品アレルギー　197
自律　44
白物家電　25
新型コロナウイルス感染　14
シンギュラリティ　266
人工知能　20
震災アーカイブス　217
震災関連死　218
震災ビッグデータ　216
心身の緊張緩和　163
人民の，人民による，人民のための政治
　　178
信用情報　57
信用スコア　252
スーザン・アベルソン*　85
巣ごもり消費　118
スティーヴン・ホーキング*　267
ステファン・ウォズニアック*　267
ステルスマーケティング　123
ストック（Stock）　43
ストリートビュー　174
スポーツ　165
スマートウォッチ　72
スマート家電　260
スマートコンタクトレンズ　73
スマートシティ　266
スマートスピーカー　260

スマートハウス　228
スマホ　32,59
スマホ依存　79
スマホ老眼　80
生活学　31
生活時間　27〜31
生体認証　52
製薬　198
節電　228
説明可能 AI　261
セルフ・ヘルプ・グループ　199
世論形成　187
全球測位衛星システム（Global Navigation
　　Satellite System, GNSS）　104
選挙制度　181
ゼンリン　107
創薬　198
ソーシャルコマース　133
ソーシャルネットワーキングサービス
　　（SNS）　11,85
ソシャナ・ズボフ*　91

●た　行

第一次人工知能ブーム　258
タイガーマスク現象　55
第五世代コンピュータ　258
第五世代モバイル通信システム　67
第三次人工知能ブーム　259
大衆教育社会　145
第二次人工知能ブーム　258
体罰問題　226
第四次産業革命　17,262
第4の権力　187
足し算としてのロボット　201
タブレット端末（Tablet PC, タブレット
　　コンピュータ）　35

地域情報化政策　179
地図　57
地政学　208
チャットボット（chatbot）　259
中央銀行デジタル通貨　129
中央銀行デジタル通貨（CBDC）　132
チューリング・テスト　258
長尺の目　38
追悼アカウント　247
通信品位法　93
釣り　97
ディープ・ブルー　172
ディープラーニング　259
ディエム（Diem）　132
ティム・バーナーズ＝リー＊　19
データのウェブ　109
データバイアス　261
データブローカー　78,79
データポータビリティ権　243
データ保護指令　238
テクノロジーの社会的構築　22
デジタル・アーカイブ　173
デジタル・デバイド（digital divide）　17
デジタルアイデンティティ　247
デジタルアイデンティティ 3.0　250
デジタル遺産　246
デジタル遺品　205
デジタル格差　17
デジタル活動の足跡　89
デジタル監視技術　15
デジタルコンテンツ視聴率調査　124
デジタルシチズンシップ　155
デジタルスキミング　16
デジタルタトゥー　246
デジタル庁　189
デジタルツイン　21,266

デジタル通貨　129
デジタル通貨フォーラム　132
デジタルデモクラシー　18
デジタルトランスフォーメーション（DX）　17,263
デジタル認知症　81
デジタルバッジ　160
デジタル民主主義　20
デジタルメディスン　73
デジタルリテラシー　14,155
鉄子　166
鉄道　166
鉄道ファン　166
デビットカード　125
デモ活動　186
テレトピア構想　179
テレワーク　265
天災は忘れた頃にやってくる　207
電子会議室　183
電子カルテ（electronic medical recording system）　198
電子掲示板（Bulletin Board System, BBS）　84
電子商取引（electronic commerce, EC）　117
電子投票　191
電子政府　188
電子マネー　125,126
電子メールアドレス　53
店舗提示方式　128
電話帳　33
同意疲れ　77
同期のコミュニケーション　154
当事者研究　202
同時双方向 Web 会議　154
道路交通法　50

匿名　55
匿名加工情報　241
どこでも博物館　174
特化型AI　258
ドナルド・ビッツァー*　148
トム・トラスコット*　85
トラッキングクッキー　91
取調べの可視化　185
トロール（troll）　97

●な　行
ながらスマホ　80
ナノボット　73
ナノマシン　73
ニコニコ動画　175
日本国憲法　55
ニュースグループ　85
ニューノーマル　15
ニューメディア・コミュニティ構想　179
人間中心のAI社会原則　260
人間は遊ぶ動物である　174
認知的共感　99
ネオ地理学（neogeography）　109
ネットいじめ　232
ネットショッピング　118
ネットスーパー　121
ネット世論　188
ネット選挙　189
ネットワーク効果　251
ネトゲ廃人　80,231
農業の情報（工学）化　203
農業の第六次産業化　204

●は　行
バーコード　125
パーソナライズ広告　13

パーソナリティ（personality，人格）　50
パーソナル・ファブリケーション（Personal Fabrication）　59,176
パーソナル化（personalization）　48
パーソナルデータ　75
パーソナルデータストア　253
パーソナルな学習環境（PLE）　153
ハイパーリンク　19
ハイブリッド型授業　144
ハイフレックス型　144
バイラル効果　251
博物館　173
パスポート　51
パソコン通信　216
発信者情報開示請求　94
初音ミク　175
パブリッククラウド　70
パブリックコメント　183
パロ　200
パンデミック　234
反転授業（flipped classroom）　144,152
汎用型AI　258
ピアプロ　175
引き算としてのロボット　201
非公式学習（informal learning）　145
美術館　173
非常事態宣言　210,211
ビッグデータ　13,75
ビットコイン（Bitcoins）　130
非同期のコミュニケーション　154
一人でいさせてもらう権利　238
ビル・ゲイツ*　267
ファビング　81
フィーチャーフォン　66
フィルターバブル　11,96
フィルタリング（filtering）　80,232

フェイクニュース　11
不公式学習（non-formal learning）　145
プッシュ（push）型　44
プッシュ（push）型のサービス　56
プライバシー・パラドックス　239
プライバシーの問題　73
プライバシーポリシー　76
プライベートクラウド　70
フラッシュモブ（flash mob）　187
ブラッシング詐欺　123
プラットフォーム企業　12,13
プラットフォーム資本主義　139
プリペイド方式　126
フリマアプリ　133
プル（pull）型　44
ブルース・アベルソン＊　85
ブレインチップ　74
ブレンド型授業　144
フロー（Flow）　43
ブログ（blog）　86
プログラミング言語　176
ブロックチェーン　20,129
プロバイダー責任制限法　94
プロフ　232
分散型ID（decentralized identifier, DID）
　251
分散型台帳　129
分人主義　55
ベーシックインカム　266
ヘルス・リテラシー（health literacy）
　197
ペルソナ（persona）　55
防災　211
法定通貨　129
法の支配　193
防犯　226

ボードゲーム　172
ポケットベル（ポケベル）　34
保険　227
ボット（bot）　44
ポッドキャスト　150
ボランタリーな地理空間情報（volun-
　teered geographic information）　112
....

●ま　行
マーク・グラノヴェター＊　88
マーク・ザッカーバーグ＊　86
マイケル・オズボーン＊　257
マイナンバーカード　51
マイナンバー制度　248
マイニング　130
マインドワンダリング　30,31
マスゴミ　188
マスメディア　11
祭り　232
マルチタスク　81
ミニマムライフ　135
民泊　133
ムーアの法則　268
無線LAN　68
村八分　232
メディア（Media）　41
メディア・レイプ　234
メディアコンテンツ（Media contents）
　43
メディアコンピテンス　19
メディア心理学　36
メディア等式（media equation）　45,53
メディアの効果　230
メディアリテラシー　19,234
モノのインターネット（IoT）　12,261
モバイル　64

モバイルアプリ　70
モバイルウォレット　127
モバイルコマース　71,124

●や　行
薬事　198
ユーザー　39
ユーザ生成コンテンツ（UGC）　176
ユーザプロフィール　89
有事法制　210
呼び出し電話　33
弱い紐帯の強さ（The Strength of Weak Ties）　88
弱いロボット　201

●ら　行
ラーニングアナリティクス　153
ライフイベント　25
ライブコマース　124
ライフログ（lifelog）　25,73,74
ライフロングラーニング（lifelong learning, 生涯学習）　146
ライフワイドラーニング（lifewide learning）　146
リニア（Linear）　44

リブラ（Libra）　131
リフレッシュ　163
リモート授業　32
利用者提示方式　128
旅券法　51
旅行　173
ルイス・ブランダイス＊　238
レイ・カーツワイル＊　267
歴誌主義　39
レクリエーション　163
レコメンデーション（recommendation）　49,56
レジャー　163
ロケーションビジネス　102
ロケーションベースのソーシャルネットワーク（LBSN）　105
ロックダウン　211
ロングテール現象　121

●わ　行
ワールドワイドウェブ（World Wide Web）　19
ワクチンパスポート　52
忘れられる権利（the right to be forgotten）　245

著者紹介

青木　久美子 （あおき・くみこ）

・執筆章→ 1・4・5・6・7・8・14・15

1990 年	M. A. in Communication, University of Wisconsin（米国ウィスコンシン大学コミュニケーション研究科修士号）を取得。
1995 年	Ph. D. in Communication and Information Sciences, University of Hawaii（米国ハワイ大学情報コミュニケーション学研究科博士号）を修得。
1995〜1998 年	Assistant Professor, Department of Information Technology, Rochester Institute of Technology（米国ロチェスター工科大学情報技術学科）
1998〜2003 年	Assistant Professor, College of Communication, Boston University（米国ボストン大学コミュニケーション学部）
2004 年	メディア教育開発センター教員に就任。2009 年 4 月から放送大学教員。
現在	放送大学教授
専門	情報コミュニケーション学, 教育工学

高橋　秀明 （たかはし・ひであき）

・執筆章→ 2・3・9・10・11・12・13

1984 年	筑波大学第二学群人間学類（心理学主専攻）卒業
1990 年	筑波大学大学院博士課程心理学研究科　単位取得退学 日本原子力研究所東海研究所安全性試験研究センター原子炉安全工学部専門研究員, 筑波大学心理学系助手, メディア教育開発センター助教授等を経て, 現在は放送大学教員。
現在	放送大学准教授
専門	認知心理学, 情報生態学
主な著書	「メディア心理学入門」高橋秀明, 山本博樹編著, 学文社（2002）

放送大学教材　1750054-1-2211（テレビ）

三訂版　日常生活のデジタルメディア

発　行　　2022 年 3 月 20 日　第 1 刷

著　者　　青木久美子・高橋秀明

発行所　　一般財団法人　放送大学教育振興会
　　　　　〒105-0001　東京都港区虎ノ門 1-14-1　郵政福祉琴平ビル
　　　　　電話　03（3502）2750

市販用は放送大学教材と同じ内容です。定価はカバーに表示してあります。
落丁本・乱丁本はお取り替えいたします。

Printed in Japan　ISBN978-4-595-32350-8　C1355